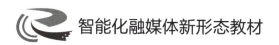 智能化融媒体新形态教材

U0691549

公文写作

主　审　王泽龙

主　编　舒　刚　封绪荣　王　梅

副主编　万佳迪　伍安洁　曾文辉
　　　　余文荣　翟惠琼　何玉娟

中国言实出版社

图书在版编目（CIP）数据

公文写作/舒刚，封绪荣，王梅主编. — 北京：
中国言实出版社，2022.9
ISBN 978 - 7 - 5171 - 4292 - 8

Ⅰ.①公… Ⅱ.①舒… ②封… ③王… Ⅲ.①公文—
写作—高等学校—教材 Ⅳ.①H152.3

中国版本图书馆CIP数据核字(2022)第 163365 号

公文写作

责任编辑：史会美　张天杨
责任校对：王建玲

出版发行：中国言实出版社
　　　　　地　址：北京市朝阳区北苑路 180 号加利大厦 5 号楼 105 室
　　　　　邮　编：100101
　　　　　编辑部：北京市海淀区花园路 6 号院 B 座 6 层
　　　　　邮　编：100088
　　　　　电　话：010 - 64924853（总编室）　010 - 64924716（发行部）
　　　　　网　址：www.zgyscbs.cn　电子邮箱：zgyscbs@263.net

经　　销：新华书店
印　　刷：三河市海新印务有限公司
版　　次：2023 年 1 月第 1 版　2023 年 1 月第 1 次印刷
规　　格：787 毫米 × 1092 毫米　1/16　11.75 印张
字　　数：257 千字

定　　价：49.80 元
书　　号：ISBN 978 - 7 - 5171 - 4292 - 8

新时代，智能化办公、无纸化办公、远程在线办公兴起，这些给职场人的公文写作实践带来了挑战与机遇；教育数字化、教学智慧化、教材智能化等的出现给大学生的公文写作学习提出了更高标准和要求。为适应新形势与新发展，公文写作开始教学改革，教材也应与时俱进。为此，编者结合多年的公文写作教学与实践经验，编写了《公文写作》。

本书是**智能化融媒体新形态**大学写作课程系列教材之一，内容丰富、体例新颖，以党政机关和企事业单位现行的各种常用公文文种为"经"，以行动导向六步法为"纬"，全面系统地介绍了公文写作的基本流程、基本规范和方法技巧。主要内容涉及如何撰写知照性公文（通知、通报）、报请性公文（请示、报告）、指令性公文（决定、意见）、商洽性公文（公函、商函）、计划类公文（工作计划、工作要点）、总结类公文（工作总结、述职报告）、信息类公文（会议纪要、简报）、讲话类公文（讲话稿、演讲稿）。

本书具有以下特点和优势：

第一，行动导向，任务驱动。本书将公文写作划分为 8 个项目、16 项任务，按照行动导向六步法，对每项任务设计了"任务准备→任务筹划→任务实施→任务演练→任务检测→任务评价"实操流程，全程聚焦"任务"与"行动"，同时穿插"知识链接""知识拓展""经典示范""参考模板"等模块，合理引入公文写作理论知识，更好地做到了以实践为主、理论与实践相结合。

第二，无缝衔接，渗透思政。统筹设计公文写作的思政目标，科学分解公文写作的思政元素，有效匹配公文写作的思政知识点，合理安排公文写作的思政素材，设置"思政导学"模块，把公文写作教学与思政教育融为一体，实现课程思政的无缝衔接和有机渗透。

第三，精讲留白，图文并茂。针对新时代大学生的学习特点，对公文写作的理论知识和实际操作进行要点提炼，用思维导图进行可视化呈现，并对重点内容、重点语句和关键词等做了双色标注，真正做到了精讲留白、图文并茂，有利于调动大学生的学习积极性，主动思考。

第四，资源丰富，教学方便。本书配套资源丰富，包括课程标准、电子教案、PPT课件、电子活页、在线测试题、试题库、案例库、微课小视频等，极大地方便了教师的课程教学与学生的自主学习。

第五，平台支撑，在线跟踪互动。 为方便公文写作课程教学的高效互动、教师教学与学生自学，充分调动学生自主学习的积极性，本书配套了专业化的融媒体平台（教师端:https://zhjy.gxjccb.com）和微信小程序（学生端:扫描本书封底微信小程序二维码并输入授权码）。教师不仅可以利用平台提供的丰富教学资源自组教学方案，实施个性化教学，还可以在平台上实时布置教学任务、组织阶段性线上测验、开展教学答疑、跟踪每个学生的学习动态；课程结束时，教师可以利用平台综合评价学生的日常线上学习、测验情况、线下考试成绩，并以班级为单位导出学生的最终评价结果。学生可以利用小程序进行实时在线自学、在线提问、在线测试，以及阶段性在线测验，也可以巩固学习成果，浏览配套的电子活页，进行在线测试；学生还可以通过小程序反复多次答题。智能化的融媒体教学平台有效地体现了以学生为中心、行动导向、加强学生自主学习的教学理念。

本书由国家教育行政学院舒刚副教授、江西泰豪动漫职业学院封绪荣、锦州师范高等专科学校王梅任主编；由江西泰豪动漫职业学院万佳迪、伍安洁、曾文辉、余文荣，广东茂名农林科技职业学院翟惠琼，重庆艺术工程职业学院何玉娟任副主编；由华中师范大学王泽龙教授主审。在编写过程中，本书参阅了大量的典型案例，吸取了相关专家学者的最新研究成果和有益经验，在此谨向原作者表示衷心感谢！书中不足之处敬请专家学者和广大读者批评指正。

《公文写作》编写组

Contents

目录

撰写知照性公文

项目导读

　　知照性公文是指党政机关、企事业单位和社会团体在处理公务与办理事务过程中，向下级、有关单位以及公众发布的应当执行、遵守或者周知事项的公文。主要包括 **通知、通报、公报、通告、公告。** 本项目从撰写通知入手，通过行动导向"六步法"的操作流程，**了解知照性公文的相关知识，熟悉知照性公文的写作流程，掌握知照性公文的写作方法、体例要求与注意事项，能够撰写简单的知照性公文。** 本项目重点介绍通知和通报两种公文。

学习目标

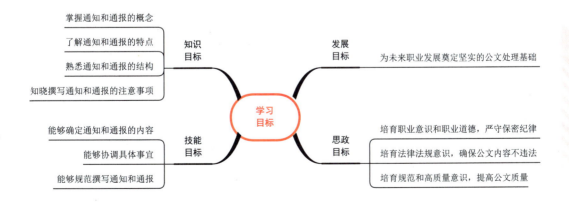

任务一 撰写通知

☑ 任务导入

2022 年 4 月 6 日，教育部下发了关于举办第八届中国国际"互联网＋"大学生创新创业大赛的通知，定于 2022 年 4 月至 10 月举办第八届中国国际"互联网＋"大学生创新创业大赛。

××××大学根据教育部通知要求，决定参加高教主赛道和"青年红色筑梦之旅"赛道的竞赛，并确定了相应的参赛项目类型。为此，学校需要向各学院（学部）下发《关于开展 2022 年第八届中国国际"互联网＋"大学生创新创业大赛校内项目征集选拔工作的通知》。通知的主要内容包括以下 7 个方面：（1）通知的背景及目的。（2）大赛简介。（3）参赛对象：全体在读本、硕、博学生，毕业 5 年内（2017 年 6 月以后）的本、硕、博毕业生。（4）参赛赛道及组别：高教主赛道（创意组、初创组、成长组）、"青年红色筑梦之旅"赛道（公益组、创意组、创业组）。（5）参赛项目类型："互联网＋"现代农业，包括农、林、牧、渔等；"互联网＋"制造业，包括先进制造、智能硬件、工业自动化、生物医药、节能环保、新材料、军工等；"互联网＋"信息技术服务，包括人工智能技术、物联网技术、网络空间安全技术、大数据、云计算、工具软件、社交网络、媒体门户、企业服务、下一代通信技术、区块链等；"互联网＋"文化创意服务，包括广播影视、设计服务、文化艺术、旅游休闲、艺术品交易、广告会展、动漫娱乐、体育竞技等；"互联网＋"社会服务，包括电子商务、消费生活、金融、财经法务、房产家居、高效物流、教育培训、医疗健康、交通、人力资源服务等。（6）参赛注意事项。（7）报名办法。

请以该学校创新创业学院的名义起草一份通知。

📖 任务准备

一、通知的撰写规范

（一）通知的定义

通知是指党政机关、企事业单位和社会团体向特定受文对象告知或转

扫一扫 看一看

达有关事项或文件，让受文对象周知或执行的，具有特定效力和规范体式的公文。《党政机关公文处理工作条例》（以下简称《条例》）规定：**"通知适用于发布、传达要求下级机关执行和有关单位周知或者执行的事项，批转、转发公文。"** 关于通知的定义如图1-1所示。

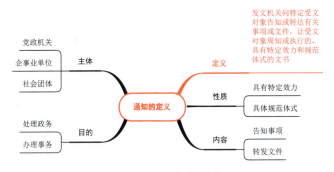

图 1-1 通知的定义

（二）通知的类型

通知包括**指示性通知、周知性通知和颁转性通知** 3个大类。其中，颁转性通知又包含颁布性通知、转发性通知和批转性通知3种类型。其定义、内容特点、举例如图1-2所示。

扫一扫 看一看

（三）通知的结构与写法

撰写通知时，首先要增强规范意识，严格按照《条例》和国家标准《党政机关公文格式》的规定，认真细致地撰写，并养成规范撰写公文的习惯和严谨细致的工作作风。

通知一般由版头、主体和版记3个部分组成，如图1-3所示。其中，版头包括份号、密级及保密期限、紧急程度、发文机关标志、发文字号、版头分隔线；主体包括标题、主送机关、正文、附件说明、落款、附件；版记包括版记分隔线、抄送机关、印发机关和印发日期。

通知的版头和版记可参照公文的一般格式（见下文的"知识链接"）。这里重点介绍通知的主体的写法，具体如下。

1.标题的写法

标题的结构形式有以下4种。

（1）发文机关＋事由＋文种。 如"××学院教务处关于下达2022年教学改革计划的通知"。

（2）事由＋文种。 如"关于下达2022年教学改革计划的通知"。

（3）发文机关＋文种。 如"教务处通知"。

（4）直接以"通知"命名。 凡不作为正式文件处理的简便通知，都可以仅用文种名称

"通知"为标题。

　　注意！ 颁布性通知、批转性通知、转发性通知的标题应在事由部分说清颁发的文件名称，或来文单位和原文件的名称。颁转性通知的标题结构如图1-4所示。

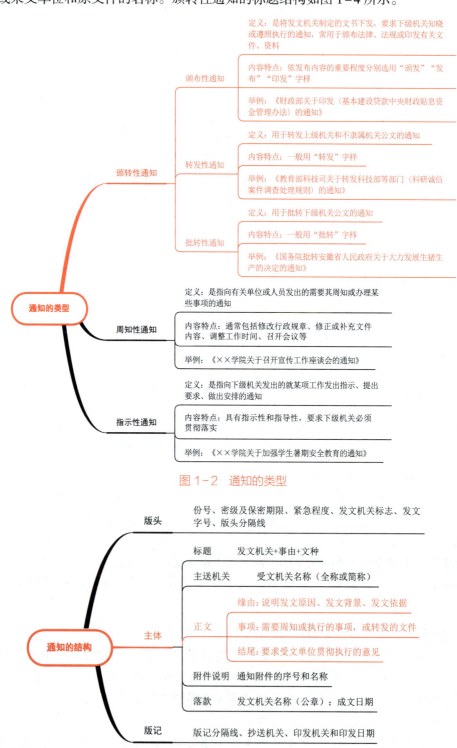

图1-2　通知的类型

图1-3　通知的结构

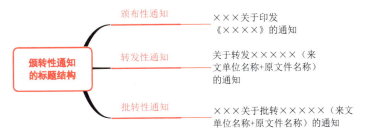

图 1-4　颁转性通知的标题结构

2.主送机关的写法

主送机关即受文机关。顶格写受文机关的全称或统称，通常应将所有受文机关的名称写全，**单位之间用顿号，**如"××处、××室"。**如果单位之间不属于同一系列，则用逗号，**如"××区人民政府，市××委、××办公室、××局"。

由于通知的主送机关数量较多，也可以采用统称的方法概括受文机关名称，如"各区人民政府，市属各委、办、局，各直属机构"。

3.正文的写法

正文是通知的核心部分，不同类型的通知，其正文写作方法不同。

（1）指示性通知的正文。指示性通知的正文应写明发布通知的缘由、目的、依据，以及要求受文单位承办、执行的事项。通知事项较多时，应分条列出承办和执行要求，并保证条目之间逻辑通顺、层次分明。

（2）周知性通知的正文。周知性通知的正文应写明发布通知的缘由、目的、依据；已发生通知事项的时间、地点、人物（单位）、背景、经过、结果和评价等，或者暂未发生事项的估计时间、地点、人物（单位）、可能的结果等；受文单位的执行要求。周知性通知的信息比较琐碎时，应分项列出。

（3）颁转性通知的正文。颁转性通知的正文应写明批转、转发或发布相关文件的缘由、目的、依据；对受文单位执行颁转文件的意见和要求。**注意！**颁转性通知必须包含附件，要附上相关文件的全文。

不同类型的通知，其正文的写法示例如图 1-5 所示。

在撰写通知正文时，必须认真学习、领会与通知内容有关的方针政策、法律法规，使通知内容符合党和国家的方针政策，符合法律法规的要求，避免出现错误观点和有违公序良俗的内容。

4.落款的写法

落款包括发文机关名称和成文日期，并加盖公章，这是公文生效的标志。

框图模式	文字模板
版头	×××××（份号） ×××× **文件** ××〔20××〕×××号
标题	×××××××××××××的通知
主送机关	×××，×××，×××：
通知缘由	×××××××××××××××××××××××××××（通知的背景、目的、依据等）。现有关情况通知如下。
通知事项	×××（分项或分条列出通知事项）。
结尾	各单位要××××××××××××××××××××××××××（执行要求）。
附件说明	附件：×××××××
落款	×××× 20××年××月××日
版记	抄送：××××××× ×××× 　20××年××月××日印发 　　（共印××份）

图1-6　通知的写作模板

（二）上一届学校组织的大赛的相关资料

中国国际"互联网＋"大学生创新创业大赛每年举办一次，在撰写通知之前，可收集学校组织的上一届大赛的相关资料作为参考借鉴。如上一届大赛的通知内容、组织情况和获奖情况等。

（三）其他相关参考资料

从校园网及其他高校官网上搜集有关大学生创新创业大赛的通知，借鉴这些通知的优点，作为撰写本次通知的参考资料。

✎ 任务筹划

撰写本次通知，需要筹划 7 个方面的事项：通知的背景和目的、大赛简介、参赛对象、参赛赛道及组别、参赛项目类型、参赛日程安排、报名方法。

一、确定通知的背景和目的

通知的背景：教育部下发《关于举办第八届中国国际"互联网+"大学生创新创业大赛的通知》，根据该通知精神，学校决定开展 2022 年第八届中国国际"互联网+"大学生创新创业大赛项目的校内征集选拔工作。

通知的目的：积极响应新时代国家的创新驱动发展战略及"大众创业、万众创新"号召，持续激发本校学生创新创业热情，促进创新驱动创业、创业引领就业。

二、确定"大赛简介"的内容

本届中国国际"互联网+"大学生创新创业大赛的主题为"我敢闯，我会创"，是由教育部等 13 个中央部委和地方省级人民政府共同主办的重大创新创业赛事。本届大赛旨在以赛促教，探索人才培养新途径；以赛促学，培养创新创业生力军；以赛促创，搭建产教融合新平台。本届大赛的总体目标是更中国、更国际、更教育、更全面、更创新。大赛受到了全国高校的高度关注和重视，其成绩对于学校的综合排名等均具有较为显著的影响。大赛自 2015 年以来每年举办一次，本届大赛由重庆大学承办。

三、确定参赛对象

根据教育部的通知要求，本届大赛的参赛对象为学校全体在读本、硕、博学生，以及毕业 5 年内（2017 年 6 月以后）的本、硕、博毕业生。

四、确定参赛赛道及组别

根据教育部的通知要求，结合学校实际，要求以团队为单位报名参赛。每个团队的参赛成员不少于 3 人，原则上不多于 15 人（含团队负责人），须为项目的实际核心成员。

（1）高教主赛道。根据参赛项目所处的创业阶段、已获投资情况和项目特点，分为本科生创意组、研究生创意组、初创组和成长组。

（2）"青年红色筑梦之旅"赛道。参加"青年红色筑梦之旅"赛道的项目应符合参赛项目要求。"青年红色筑梦之旅"项目单列奖项，单独设置评审指标，分为公益组、商业组。

五、确定参赛项目类型

（1）"互联网+"现代农业，包括农、林、牧、渔等。

（2）"互联网+"制造业，包括先进制造、智能硬件、工业自动化、生物医药、节能环保、新材料、军工等。

（3）"互联网+"信息技术服务，包括人工智能技术、物联网技术、网络空间安全技术、大数据、云计算、工具软件、社交网络、媒体门户、企业服务、下一代通信技术、区块链等。

（4）"互联网+"文化创意服务，包括广播影视、设计服务、文化艺术、旅游休闲、艺术品交易、广告会展、动漫娱乐、体育竞技等。

（5）"互联网+"社会服务，包括电子商务、消费生活、金融、财经法务、房产家居、高效物流、教育培训、医疗健康、交通、人力资源服务等。

六、确定参赛日程安排

（1）报名阶段：2022 年 4 月 11 日至 4 月 18 日。

（2）遴选、辅导阶段：2022 年 4 月 19 日至 5 月 15 日。

（3）校赛阶段：2022 年 5 月 16 日至 5 月 31 日。

（4）省赛阶段：2022 年 6 月 1 日至 7 月 30 日。

（5）国赛阶段：2022 年 9 月至 10 月。

七、确定报名方法

各学部（学院）在 4 月 18 日之前，将校内项目选拔推荐表（附件 1）电子版命名为"学院+'互联网+'项目征集"，发送至邮箱：××××××@163.com。

◇ 任务实施

在完成上述各项准备与筹划工作后，就可以按照写作规范撰写通知了。

一、撰写版头

本通知是公开发布的，所以没有"密级和保密期限""紧急程度"。本通知是下行文，所以不需要签发人。另外，发文机关标志"××××大学文件"已印制，不需要撰写。因此，本通知的版头只需撰写**份号、发文字号**即可。版头的撰写如图 1-7 所示。

××××××（份号）

××大学创新创业学院文件

院办〔2022〕×××号

图 1-7　通知的版头

二、撰写主体

根据前面所学通知的主体结构，本次通知的主体包括**标题、主送机关、正文、附件说明、发文机关署名及成文日期**。具体内容如图 1-8 所示。

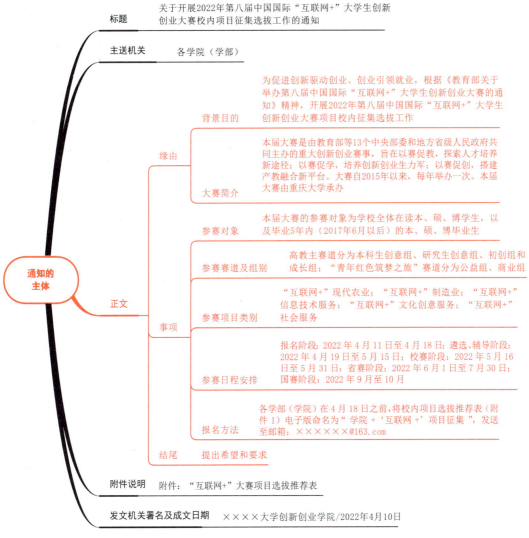

图 1-8 通知的主体

三、撰写版记

根据所学的通知的版面格式知识，撰写通知的版记，如图 1-9 所示。

抄送：××省"互联网+"大学生创新创业大赛组委会		
××大学创新创业学院	2022 年 4 月 10 日印发	（共印 50 份）

图 1-9 通知的版记

任务演练

请在下面空白处填写相关内容。（注：页面不够可加插页）

扫一扫 看一看

版头		份号	
		密级和保密期限	
		紧急程度	
		发文机关标志	
		发文字号	
		签发人	
主体		标题	
		主送机关	
	正文	缘由	背景目的	
			大赛简介	
		通知事项	参赛对象	
			参赛赛道及组别	
			参赛项目类别	
			参赛日程安排	
			报名方法	
		结尾	
	附件说明		
	落款		
版记		抄送机关	
		印发机关和印发日期	

教育部办公厅关于在思政课中加强以党史教育为重点的"四史"教育的通知

扫一扫 看一看

点评

本通知是教育部贯彻落实中共中央《关于在全党开展党史学习教育的通知》，就全国教育系统广泛开展党史学习教育作出部署安排的通知。通知的开头首先阐明了本通知的目的和依据。其次分条目阐述了深刻认识开展以党史教育为重点的"四史"教育的重大意义；充分发挥思政课在进行以党史教育为重点的"四史"教育中的主渠道作用；注重各学段学习教育的重点内容和要求；改革创新教学方式方法，确保学习效果入脑入心。最后，提出了各地各校应将开课安排、课程效果以及意见建议及时上报教育部的要求。

本通知是一份典型的指示性通知。通知正文的条理非常清晰：通知的目的和依据→深刻认识重大意义→发挥思政课主渠道作用→明确各学段的教育重点和要求→改革创新教学方式方法→提出要求，非常符合指示性通知的正文写作要求，即：开头写发布通知的缘由、目的、依据，然后写要求受文单位承办、执行的事项。因本通知的事项较多，所以分条写出了承办和执行要求，条目之间逻辑通顺，层次分明。

📝 任务检测

使用微信小程序扫码进入在线测试，可反复多次答题，以巩固学习成果。

扫一扫 看一看

✓ 任务评价

任务评价表

小组编号：　　　　　　　　　　　　　　　姓　名：

任务名称						
评价方面	任务评价内容	分值	自我评价	小组评价	教师评价	得分
理论知识	1.了解通知的定义、类型和结构	10				
	2.了解公文的一般格式	10				
	3.掌握通知的写作规范	15				
实操技能	1.收集撰写通知的资料	10				
	2.学会撰写通知的版头	10				
	3.学会撰写通知的主体	25				
	4.学会撰写通知的版记	10				
思政素养	1.具有较强的规则和质量意识	5				
	2.具有较强的政治意识	5				
总分						

任务二　撰写通报

⊘ 任务导入

　　张光杰是××总公司××分公司所属××化工厂的一名管道维修工人，共产党员。2021年10月16日晚，张光杰利用公休日巡查厂内管线。21时58分，当他巡查到成品车间时，突然遭遇产品后处理工段的油气管道爆炸起火。张光杰被爆炸的猛烈气浪推倒，头部、右臂和大腿等多处受伤，鲜血直流，鞋子也被甩出很远。在这危急关头，张光杰强忍剧痛，迅速爬起，顾不得穿鞋和查看伤势，踩着玻璃碎片，奋不顾身地冲入烈火中，果断快速地关闭了喷胶阀门、油气分层罐手阀和蒸汽总阀。接着先后抓起10多个干粉灭火器扑救颗粒泵、混胶罐等处的大火，在随后赶来的厂保安人员的援助下，英勇奋战近20分钟，终将大火全部扑灭，避免了火势蔓延。

　　张光杰同志在身体多处受伤、火势凶猛并随时可能发生更大爆炸的危急关头，将个人生死置之度外，果断处理了突发事件，为遏制火势蔓延、防止事故扩大、减少国家财产损失，做出了突出的贡献。

　　经公司党委研究决定，授予张光杰"优秀共产党员"荣誉称号，晋升一级工资，颁发奖金5万元，以资鼓励。

　　请你以该公司党委的名义起草一份通报。

📖 任务准备

一、通报的撰写规范

（一）通报的定义

　　根据《条例》规定，通报是指党政机关、企事业单位和社会团体用于**表彰先进、批评错误、传达重要精神、告知重要情况**的一种具有特定效力和规范体式的公文。

（二）通报的特点

　　通报具有**典型性、时效性、教育性、真实性**等特点，如图1-10所示。

图 1-10　通报的特点

　　无论是表彰先进、批评错误，还是传达重要信息和情况，撰写通报必须保证通报内容的真实性和典型性，决不能出现虚构事实、伪造数据等行为。文秘人员要养成快速反应的工作习惯，必须在规定的期限内高质量完成，确保通报的时效性。

公文的特点

扫一扫 看一看

　　公文是党政机关、企事业单位和社会团体为了行使管理职能，在公务和事务活动中制发和使用的具有特定效力和规范体式的书面文件，具有**政治性、法定性、规范性、实效性、特定性和平实性**等特点。

（三）通报的类型

　　按用途分类，通报可以分为**表彰性通报、批评性通报和情况通报**3 种类型，如图 1-11所示。

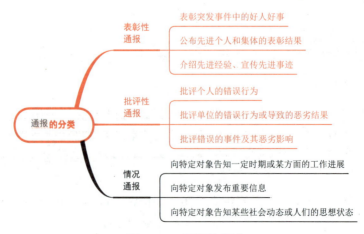

图 1-11　通报的分类

思政导学

在撰写表彰性通报时，要善于提炼和升华先进个人或单位事迹所体现出来的崇高精神和宝贵品质，善于从先进事迹中总结经验，以达到表彰、宣传先进典型、推广经验做法的目的。在撰写批评性通报时，要善于剖析错误事实所造成的严重后果以及导致错误事实的深层次根源，分析错误事实造成的恶劣影响，以达到批评性通报惩戒错误、吸取教训、杜绝类似错误再犯的目的。同时，在撰写通报过程中，也要从中吸取营养，向先进典型学习，以错误行为为戒。

知识链接

公文的类型

通报是公文种类之一。公文种类很多，可以按不同分类方式划分。按行文方向划分，可分为上行文、下行文和平行文。按保密程度划分，可分为绝密公文、机密公文、秘密公文、内部公文和公开公文。按紧急程度划分，可分为特急公文、加急公文和平急公文。按性质作用划分，可分为法定性公文、事务性公文、商务性公文、法规性公文、礼仪性公文。

扫一扫 看一看

知识拓展

党政机关公文是公文中的一个大类，包括中国共产党机关、国家行政机关和立法机关发布的公文。根据《条例》的规定，党政机关公文共有15种。

扫一扫 看一看

（四）通报的结构与写法

通报的结构与通知相同，只是主体部分的具体内容与写法略有不同，具体如下：

1.标题的写法

通报的标题写法与通知相同，一般有两种写法：**一种是发文机关+事由+文种；另一种是事由+文种。**

（1）**表彰性通报的标题。**发文机关+事由+文种，如"××学院关于授予×××'优秀共产党员'荣誉称号的通报"。事由+文种，如"关于表彰××××等先进单位和先进个人的通报"。

（2）**批评性通报的标题。**发文机关+事由+文种，如"中共××县委关于给予×××严重警告处分的通报""××市人民政府办公厅关于××公司职工酿成重大恶性交通事故的通报"。事由+文种，如"关于××中学擅自停课组织学生参加商业性迎送活动的通报"。

（3）**情况通报的标题。**发文机关+事由+文种，如"国务院办公厅关于开展第三次全国政府网站普查情况的通报"。事由+文种，如"关于长江三角洲地区水污染治理督查情况

的通报"。

2.主送机关的写法

主送机关的写法与通知相同。由于通报的受文机关数量较多，一般采用统称的方法写受文机关名称。

3.正文的写法

不同类型的通报，其正文的写作方法不同。表彰性通报、批评性通报和情况通报的正文写法如图1-12所示。

扫一扫 看一看

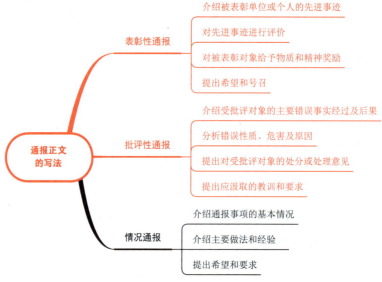

图1-12 通报正文的写法

在撰写通报时，要注意实事求是，讲究实效。无论是经过概况，还是最后结果，乃至经验教训，都要尽量做到简洁、用数据说话，要接地气，通报的内容要真实感人或警醒人，具有很强的可操作性。

（五）通报的写作模板

通报的写作模板如图1-13所示。

框图模式	文字模板
	××××（份号）
版头	**× × × × 文件**
	××〔20××〕×××号
标题	×××××××××××**的通报**
主送机关	×××，×××，×××：
通报缘由	××。现将有关情况通报如下。
通报事项	×××（情况经过、结果，评价，原因分析，奖惩等）。
结尾	各单位要××（提出希望、要求、号召等）。
附件说明	附件：×××××××
落款	×××× 20××年××月××日
版记	抄送：×××××××× ××××　　20××年××月××日印发　　（共印××份）

图1-13　通报的写作模板

二、收集相关资料

（一）公司员工表彰奖励的规章制度

在撰写通报之前，首先要收集公司员工表彰奖励的相关规章制度，作为撰写通报的依据。应从单位都有较完善的员工表彰奖励规章制度，相关规章制度中查找与本通报有关的内容，并与张光杰的先进事迹做对照分析，为在通报中对张光杰先进事迹进行定性评价、提出表彰奖励奠定基础。

（二）张光杰的先进事迹材料

类似张光杰这样的先进事迹出现后，公司通常会组织专人对事件进行全方位的调查采访，形成真实、完整、感人的事迹材料。在撰写通报前，要深入了解张光杰先进事迹的具体细节，如现场奋不顾身，在身体多处受伤、火势凶猛并随时可能发生更大爆炸的危急关头，将个人生死置之度外，果断处理突发事件的详细情况。为撰写通报提供真实感人的第一手材料，增强通报的感染力。

张光杰作为一名普通工人，在危急关头将个人生死置之度外，果断处理突发事件，体现了为保护国家财产和人民利益不惜牺牲个人生命的崇高精神品质，值得我们每一个青年学习。我们也要像张光杰那样，在关键时刻能够挺身而出。

（三）公司党委对张光杰做出表彰奖励的会议纪要

公司党委作出的决定是组织行为。对张光杰先进事迹的定性评价、具体的奖励等内容，必须使用党委会会议纪要的原文表述。

（四）撰写通报的相关参考资料

撰写本通报，还可以从公司有关部门或者其他单位官网上收集同类通报，作为撰写本通报的参考资料。

✎ 任务筹划

一、确定张光杰先进事迹的内容

结合"任务导入"的描述，事迹具体内容如下。

张光杰同志是×××分公司所属××化工厂的管道维修工人，共产党员。今年10月16日晚21时58分，××化工厂成品车间产品后处理工段油气管道突然爆炸起火。正在利用公休日巡查厂内管线的张光杰被爆炸气浪猛烈推倒，头部、右臂和大腿等多处受伤，鲜血直流，鞋子也被甩出很远。在这危急关头，张光杰强忍剧痛，迅速爬起，顾不得穿鞋和查看伤势，踩着玻璃碎片，冲入烈火之中，迅速关闭了喷胶阀门、油气分层罐手阀、蒸汽总阀。接着先后抓起10余个干粉灭火器扑救颗粒泵、混胶罐等处的大火，在随后赶来的厂保安人员的援助下，英勇奋战近20分钟，终将大火全部扑灭，避免了火势蔓延。

二、确定对张光杰先进事迹的评价

根据上述对事迹的具体描述，评价具体内容如下。

张光杰同志在身体多处受伤、火势凶猛并随时可能发生更大爆炸的危急关头，将个人生死置之度外，果断处理突发事件，为遏制火势蔓延、防止事故扩大、减少国家财产损失，做出了突出的贡献。他的行为体现了为保护国家财产和人民利益，不惜牺牲个人生命的崇高精神品质，谱写了一曲当代共产党人的正气之歌。

三、确定对张光杰给予表彰奖励的内容

根据公司党委会会议纪要，确定对张光杰给予表彰奖励的具体内容如下。

为此，总公司党委研究决定：

一、将张光杰同志奋力灭火的英勇事迹通报全公司，予以公开表彰。

二、授予张光杰"优秀共产党员"荣誉称号，晋升一级工资，并颁发奖金 5 万元，以资鼓励。

四、确定通报中希望和要求的内容

通报的最后，一般要提出希望和要求，具体内容如下。

希望各分公司、各直属机构组织广大党员和干部职工认真学习总公司党委的表彰通报，以张光杰同志的英雄事迹和崇高精神为动力，落实安全生产责任，努力做好本职工作，为公司和化工行业的改革与发展做出更大贡献。

◇ **任务实施**

一、撰写版头

撰写本通报的版头与通知的版头相同。版头中的发文字号为"党办〔2022〕×××号"。

二、撰写主体

本通报的主体包括**标题、主送机关、正文、发文机关署名及成文日期**。其中，正文包括**张光杰先进事迹介绍、先进事迹评价、表彰奖励内容、希望和要求**。主体的内容如图1–14 所示。

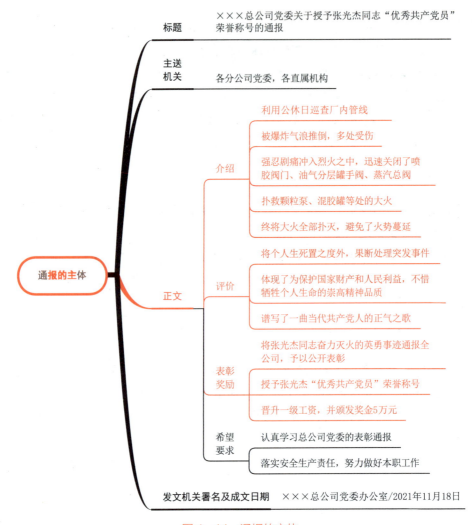

图 1-14　通报的主体

三、撰写版记

本通报的版记如图 1-15 所示。

抄送：××		
×××总公司党委办公室	2021 年 11 月 18 日印发	（共印 60 份）

图 1-15　通报的版记

任务演练

请在下面空白处填写相关内容。（注：页面不够可加插页）

扫一扫 看一看

版头	份号	
	密级和保密期限	
	紧急程度	
	发文机关标志	
	发文字号	
	签发人	

主体		标题		
		主送机关		
	正文	先进事迹介绍	个人简介	
			事迹简介	
		评价		
		表彰奖励		
		希望要求		
	落款			

版记	抄送机关	
	印发机关和印发日期	

××市人民政府办公厅关于××有限公司
职员酿成重大恶性交通事故的通报

扫一扫 看一看

点评

这篇批评性通报，分为陈述事实、表明态度、说明处理意见3个部分。

第一段采用叙述方式，引用市公安交通管理局的报告，对发生事故的时间、地点、当事人、起因、过程、结果等情况做了概括叙述，叙述要素清楚、简洁、得体。

第二段采用议论方式，表明了市政府对处理事故的明确态度。

从第三段开始，采用说明方式，对有关单位提出了3条明确的要求和指导性意见。

总的来看，全文内容客观真实、思路清晰流畅、语言简洁得体，对于起草批评性通报具有一定的示范和借鉴价值。

✎ 任务检测

使用微信小程序扫码进入在线测试，可反复多次答题，以巩固学习成果。

扫一扫 看一看

✅ 任务评价

任务评价表

小组编号：　　　　　　　　　　　　　　　姓　名：

任务名称						
评价方面	任务评价内容	分值	自我评价	小组评价	教师评价	得分
理论知识	1.了解通报的定义、类型和特点	10				
	2.了解通报的内容、结构和写法	15				
	3.了解通报撰写的注意事项	10				
实操技能	1.收集撰写通报的资料	10				
	2.学会撰写通报的版头	10				
	3.学会撰写通报的主体	25				
	4.学会撰写通报的版记	10				
思政素养	1.具有较强的政治意识和法治意识	5				
	2.弘扬优秀的职业精神和奉献精神	5				
总分						

知识拓展

知照性公文包括通告、公告和公报。

扫一扫 看一看

📖 项目综合实训

一、实训任务

　　下面是一份××大学××学院对学生处分的通报，请根据所学知识，指出该通报存在的问题，并重新撰写一份通报。

×××××××

公开

×× 大学 ×× 学院文件

关于李×× 的通报

各教研室，各班级辅导员：

　　我院 19 级学生李××，2021 年 11 月 30 日中午在学院食堂打饭时，看到排队打饭的人多，就要强行插队，有同学劝他遵守纪律，他还大声叫嚷："关你屁事！"一位管理人员过来制止，他拿起搪瓷饭碗就打在管理人员头上，致使管理人员头部受伤。李××的行为引起在场同学的公愤，有人甚至叫喊："把他拉到派出所关起来！"

　　据查，李××平时学习不认真，上学期期末考试有 3 门课程不及格。

　　经学院领导研究决定，给予李××记大过一次处分。

　　希望广大同学以此为戒，努力学习，争取在学年考试中取得好成绩。

××大学××学院

2021 年 12 月 6 日

二、实训指南

（一）任务准备

（1）查阅该学院《学生学籍管理规定》及相关学生违纪处理规定。

（2）收集对该学生进行违纪处分的专题会议记录信息或各级领导签批记录，严格按照会议记录和签批记录撰写通报。

（3）熟练掌握通报的撰写规范。

（二）任务筹划

　　首先，找出通报中存在的错误；其次，根据所学知识进行修改；最后，根据修改重新撰写通报。

（三）任务实施

（1）找出该通报的版头、正文、版记等方面存在的问题。

（2）将错误的地方修改正确。

（3）按照修改重新撰写一份新的通报。

（四）任务成果

由团队汇报，展示撰写的通报。

（五）任务评价

对各团队撰写的通报进行评比打分，记入实训成绩记录表。

项目总结

使用微信小程序扫码查看项目总结思维导图，巩固本项目的知识点和通知、通报写作实操要点。

扫一扫 看一看

撰写报请性公文

项目导读

　　报请性公文是指党政机关、企事业单位和社会团体在处理公务与办理事务过程中，向上级报告情况、请求事项，或对下级的请求事项做出批复的公文。主要包括请示、报告和批复。本项目从撰写请示和报告入手，通过行动导向"六步法"的操作流程，了解报请性公文的相关知识，熟悉报请性公文的写作和处理流程，掌握报请性公文的写作方法、体例要求和注意事项，具备撰写请示和报告的基本技能。

@ 学习目标

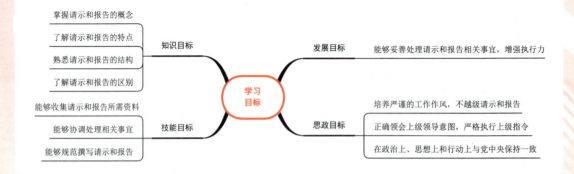

任务一　撰写请示

⊘ 任务导入

　　××××大学2021年招生规模达到8 875人，比2020年增加了3 256人，在校生人数达到23 431人。现有学生宿舍已无法容纳，为缓解学生住宿压力，为大一新生安排的一铺二人住宿，不利于学生身心健康。

　　现有学生宿舍楼总建筑面积162 364平方米。按照国家规定的大学生住宿面积标准，大学本科生公寓4人1间，生均建筑面积8平方米，学生宿舍总建筑面积应达到187 448平方米，相差25 084平方米。

　　为满足学生住宿需求，同时为学校进一步发展奠定坚实的基础，经学校党委研究，决定新建一栋总建筑面积为35 000平方米的学生宿舍楼。

　　学生宿舍属于公共建筑中的科教文卫建筑，经市场调查，该大学所在城市的公共建筑建造成本约为2 600元/平方米，由此，学生宿舍楼建造成本约为9 100万元，装修费用约为6 370万元（装修费约占建筑成本的70%）。总费用15 470万元。

　　学校拟自筹建设经费6 000万元，尚缺经费9 470万元，需向××省教育厅申请建设经费。

　　请以该大学的名义撰写一份请示。

📖 任务准备

一、请示的撰写规范

（一）请示的定义

　　请示是指党政机关、企事业单位和社会团体**在无权处理、难以处理或需协调处理有关事项或问题时，**向上级或主管部门**请求指示和批准**的具有特定效力和规范体式的公文。《党政机关公文处理工作条例》（以下简称《条例》）规定，请示"适用于向上级机关请求指示、批准"。

（二）请示的特点

请示具有**前提性、事前性、求复性、单一性** 4 个特点，如图 2-1 所示。

扫一扫 看一看

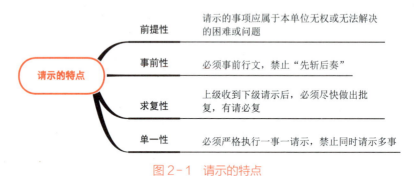

图 2-1　请示的特点

撰写请示时，一定要强化规则意识，本单位无权或无法解决的困难和问题，必须先向上级请示，经批准后方能办理，禁止"先斩后奏"；另外，一份请示只能请示一件事，禁止同时请示多件事。

（三）请示的类型

请示主要包括**求助性请示、求准性请示和求示性请示** 3 种类型，如图 2-2 所示。

图 2-2　请示的类型

（四）请示的结构与写法

请示一般由**版头、主体和版记** 3 个部分组成，如图 2-3 所示。其中，**版头与知照性公文基本相同，**只是由于请示是上行文，需要在版头中标注签发人。**版记也与知照性公文相同。**这里重点介绍请示主体的写法，包括**标题、主送机关、正文和落款。**

扫一扫 看一看

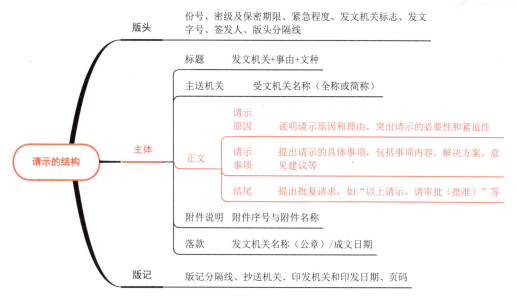

图 2-3 请示的结构

（五）请示的行文规则

请示是上行文，根据《条例》规定，有特殊的行文规则，具体内容如图 2-4 所示。

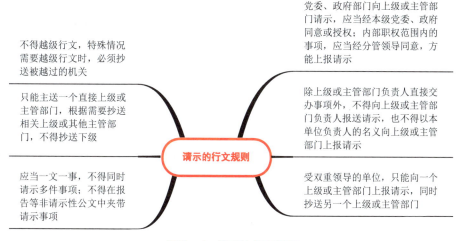

图 2-4 请示的行文规则

公文的行文规则

扫一扫 看一看

撰写请示时，一定要遵守请示等上行文的行文规则，如不得越级请示，不得主送多个上级，不得同时请示多件事，不得不经批准擅自请示，不得以个人名义请示等。同时，在请示中提出的请求要合理，所提请求不能超越上级的权限，不能超出合理范围等。

（六）请示的写作模板

请示的写作模板如图2-5所示。

框图模式	文字模板
	×××××（份号）
	密级：
	紧急程度：
版头	×××××××文件
	××〔20××〕×××号
标题	××××××××××××的请示
主送机关	×××，×××，×××：
请示缘由	×××（请示的原因和理由）。
请示事项	××（请示的具体事项）。
结尾	妥否，请批示（请求批复）。
附件说明	附件：××××××
落款	×××××× 20××年××月××日
版记	抄送：××××××× ×××　　　20××年××月××日印发　　　（共印××份）

图2-5　请示的写作模板

二、收集相关资料

在撰写请示之前，必须收集齐全与请示有关的文件资料，主要包括以下 4 个方面。

（一）教育部关于高等学校学生住宿标准的政策文件

教育部印发《关于大学生公寓建设标准问题的若干意见》的通知（教发〔2001〕12 号）规定，大学生宿舍建设标准为：专科生公寓 6 人 1 间，生均建筑面积 8 平方米；本科生公寓 4 人 1 间，生均建筑面积 8 平方米；硕士生公寓 2 人 1 间，生均建筑面积 12 平方米；博士生公寓 1 人 1 间，生均建筑面积 24 平方米。

（二）学生宿舍楼建设的相关资料

××××大学 2021 年招生规模达到 8 875 人，比 2020 年增加了 3 256 人，在校生人数达到 23 431 人。现有大学生宿舍总建筑面积为 162 364 平方米。按照国家规定的大学生住宿面积标准，大学专科生公寓 6 人 1 间，生均建筑面积 8 平方米，学生宿舍总建筑面积应达到 187 448 平方米，相差 25 084 平方米。为满足学生住宿需求，同时为学校进一步发展奠定坚实的基础，学校需再建一栋总建筑面积为 35 000 平方米的学生宿舍楼。

学生宿舍属于公共建筑中的科教文卫建筑，经市场调查，××市的公共建筑建造成本约为 2 600 元/平方米，由此，学生宿舍楼建造成本约为 9 100 万元，装修费用约为 6 370 万元（装修费约占建筑成本的 70%）。总费用约为 15 470 万元，学院自筹经费约为 6 000 万元，经费缺口约为 9 470 万元。

（三）学校党委专题会议纪要

为了建设新的学生宿舍楼，学校党委多次召开党委会，专题研究相关事项。专题会议纪要的主要内容包括：确定新建学生宿舍楼总建筑面积约为 35 000 平方米；总建设成本控制在 1.5 亿元左右，其中建造成本约为 9 100 万元，装修费用约为 6 370 万元。学校自筹经费约为 6 000 万元，不足部分向省教育厅申请。

向上级或主管部门请示重大事项时，必须经本级党委研究决定并授权，否则，不得上报请示。另外，向上级或主管部门请示事项，应发挥主观能动性，积极主动承担相应的责任，不能把全部困难、矛盾和问题上交。所以，本请示必须严格按照学院党委专题会议纪要的内容撰写，同时，学校党委决定自筹建设经费 6 000 万元，不足部分请示上级解决，充分体现了学校的主观能动性。

（四）其他相关参考资料

从学校机要保密部门查阅过往上报的有关请示文件，作为撰写本请示的参考资料。

一、确定请示的原因和理由

本请示的起因主要是学校扩大招生规模，原有的学生宿舍楼不能满足需求，为缓解学生住宿压力，2021级新生两人一铺住宿，不利于学生的身心健康，同时也影响了学校进一步的发展。因此，为了缓解学生住宿压力，同时为学校进一步发展奠定基础，需要新建一栋总建筑面积为35 000平方米的学生宿舍楼。

二、确定请示的具体事项

请示的具体事项是申请学生宿舍楼建设经费9 470万元。为此，先提出学生宿舍楼总建筑面积35 000平方米，按照2 600元/平方米的建造成本，建造成本需9 100万元；按建造成本的70%计算装修成本，装修费用约为6 370万元；总费用约为15 470万元。学校自筹经费6 000万元，需申请建设经费9 470万元。

⬡ 任务实施

一、撰写版头

本请示涉及学校重大事项，且内容是申请建设经费，应属于秘密级的公文。另外，请示上报时间已经到了2022年7月，距下一学年的新生入学只有一年的时间了，时间比较紧，因此请示的"紧急程度"应为"加急"。由此，请示的版头撰写如图2-6所示。

××××××（份号）
密级：
紧急程度：

×× 大学文件

校办〔2022〕×××号

×××签发

图2-6 请示的版头

二、撰写主体

请示的主体主要包括标题、主送机关、请示的原因和理由、请示的具体事项、提出批复请求和落款，其中，请示的原因和理由、请示的具体事项和提出批复请求的内容如图2-7所示。

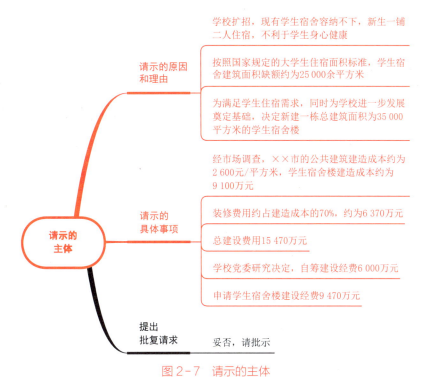

请示的主体

请示的原因和理由
- 学校扩招，现有学生宿舍容纳不下，新生一铺二人住宿，不利于学生身心健康
- 按照国家规定的大学生住宿面积标准，学生宿舍建筑面积缺额约为25 000余平方米
- 为满足学生住宿需求，同时为学校进一步发展奠定基础，决定新建一栋总建筑面积为35 000平方米的学生宿舍楼

请示的具体事项
- 经市场调查，××市的公共建筑建造成本约为2 600元/平方米，学生宿舍楼建造成本约为9 100万元
- 装修费用约占建造成本的70%，约为6 370万元
- 总建设费用15 470万元
- 学校党委研究决定，自筹建设经费6 000万元
- 申请学生宿舍楼建设经费9 470万元

提出批复请求
- 妥否，请批示

图2-7 请示的主体

三、撰写版记

请示的版记如图2-8所示。需要说明的是，申请学生宿舍楼建设经费需要政府财政拨款，因此此请示要抄送××省财政厅。

抄送：××省财政厅		
××大学办公室	2022年7月22日印发	（共印3份）

图2-8 请示的版记

请在下面空白处，填写相关内容。（注：页面不够可加插页）

扫一扫 看一看

版头	份号		
	密级和保密期限		
	紧急程度		
	发文机关标志		
	发文字号		
	签发人		
主体	标题		
	主送机关		
	正文	请示的原因和理由	请示原因	
			请示理由	
		请示事项	建设经费分项估算	
			建设经费汇总	
			自筹经费	
			申请经费	
		结尾	批复请求	
	附件说明		
	落款		
版记	抄送机关		
	印发机关和印发日期		

省文旅厅关于报审庆祝中国共产党成立 100 周年红色系列展览活动的请示

扫一扫 看一看

点评

本请示是黑龙江省文化和旅游厅报审庆祝中国共产党成立 100 周年红色系列展览活动的请示。请示的开头，首先阐明了本请示的背景，即为庆祝中国共产党成立 100 周年，全面宣传展示中国共产党的光辉历程以及党和国家事业发生的历史性变革，结合中央、省委指示精神和国家文物局工作要求，省文旅厅将在全省组织开展"党在我心中"主题展览活动。其次简要介绍了省直属 3 家博物馆的重点红色展览，包括展览主题及内容、举办单位和承办单位、拟办展时间、办展方式和展览地点，简单明了，一目了然。再次陈述鉴于 3 个专题展览中涉及重要历史题材、党和国家领导人图片等内容，拟请省委宣传部组织召开展览大纲专家论证会，对其中有关党史等资料进行研讨论证后予以审核。最后提出批复请求"专此请示，请批复"。

本请示是一份典型的求助性请示。请示正文的条理非常清晰：请示的背景→3 个红色展览简介→涉及重要历史题材、党和国家领导人图片等内容→拟请省委宣传部组织召开展览大纲专家论证会→对有关党史等资料进行研讨论证后予以审核→提出批复请求，非常符合请示的写作规范。

✏ 任务检测

使用微信小程序扫码进入在线测试，可反复多次答题，以巩固学习成果。

扫一扫 看一看

✅ 任务评价

任务评价表

小组编号：　　　　　　　　　　　　　　　　姓　名：

任务名称						
评价方面	任务评价内容	分值	自我评价	小组评价	教师评价	得分
理论知识	1.了解请示的定义、类型和结构	10				
	2.了解请示的行文规则	10				
	3.掌握请示的写作规范	15				
实操技能	1.收集撰写请示的资料	10				
	2.学会撰写请示的版头	10				
	3.学会撰写请示的主体	25				
	4.学会撰写请示的版记	10				
思政素养	1.正确领会上级领导意图，严格执行上级指令	5				
	2.培养严谨的工作作风，不越级请示	5				
总分						

任务二 撰写报告

☑ 任务导入

2021年是中国共产党成立100周年。2021年2月，中共中央印发了《关于在全党开展党史学习教育的通知》，就党史学习教育作出部署安排。

根据县委的统一安排部署，××镇党委在党史学习教育活动中，以"三个聚焦"为抓手，扎实推进党史教育入脑入心，引导广大党员干部增强"四个意识"、坚定"四个自信"、做到"两个维护"，不断提高政治判断力、政治领悟力、政治执行力，收到了明显成效。

"三个聚焦"主要内容有如下几个方面。(1)聚焦"主题"，把党史学习教育统一到初心宗旨的认识上。一是镇党委领导班子以上率下，立起党委带头"第一班"的标准。内容有制订方案，召开学习教育推进会，把党史教育活动作为党委中心组学习重点内容，班子成员均建立党支部工作联系点等。二是机关示范带动，立起机关党建"第一线"的意识。内容有将党史学习教育融入机关党建工作，召开镇机关党建工作推进会，组织机关党史知识竞赛活动等。三是基层纵向落地，立起基层支部"第一棒"的责任。内容有基层党支部制订党史学习教育工作计划，开展"学党史、守初心、担使命"等主题党日活动，镇"巷心党建督导队"通过电话、上门检查等方式对基层党支部组织开展党史学习教育活动的情况进行日常督导和分类指导等。(2)聚焦"主力"，把党史学习教育体现在使命担当的行动上。一是开展"线上线下"教育活动，拓宽学习渠道。内容有制定镇党史学习教育书目清单、阵地清单、课件清单、宣讲清单、活动清单等5张清单，线下实施党史学习教育"五进"计划，即进机关、进社区、进乡村、进企业、进商区，为基层党支部配送党史学习书籍近800本等。二是拓展"有声有色"教育形式，掀起学习热情。内容有开展"重温红色印记，打卡红色地标"红色地标寻访活动，把党史学习教育融合舞蹈、绘画、唱歌等多样的形式贯穿到党史学习教育全过程等。三是采取"入脑入心"教育方法，提高学习效果。内容有开展"党史·四实"初心课、"知行合一"正心课、"唱响岁月"齐心课，开展"线上学习线下志愿""参观学习家门口的红色阵地""线上观看纪录片"等。(3)聚焦"融合"，把党史学习教育转化到事业发展的实效上。一是融入中心工作，抓好业务结合。内容有做好常态化疫情防控、推进本地联动发展、推动文明城区创建、实施乡村振兴战略、持续开展"三大整治"等重点工作。二是融入特色工作，抓好品牌结合。内容有组织开展"巷心力·红色故事""巷心·大理堂"区域化党建联盟，组织开展"党史"专题学习、专题读书分享等活动。三是融入群众工作，抓好服务结合。内容有深入基层联系点收集解决群众急难愁盼问题，同时加强对基层党组织开展党史学习教育的督促检查等。

按照县委的要求，该镇党委要向县委宣传部上报《关于开展党史学习教育活动情况的报告》。请以该镇党委名义起草一份报告。

任务准备

一、报告的撰写规范

（一）报告的定义

根据《条例》的规定，报告是指党政机关、企事业单位和社会团体用于向上级或主管部门**汇报工作、反映情况、回复询问**的一种具有特定效力和规范体式的公文。

（二）报告的类型

按照报告的目的划分，可分为**工作报告、总结报告、情况报告和答复报告**4种类型。具体内容如图2-9所示。其中，工作报告和总结报告用于汇报工作，情况报告用于反映情况，答复报告用于回复上级或主管部门的询问。

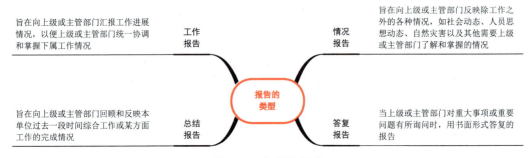

图2-9　报告的类型

（三）报告的撰写流程

报告的撰写流程包括**接受任务、思想准备、收集资料、总体构思、草拟文稿、修改加工、校对审核、领导签发**8个环节，如图2-10所示。

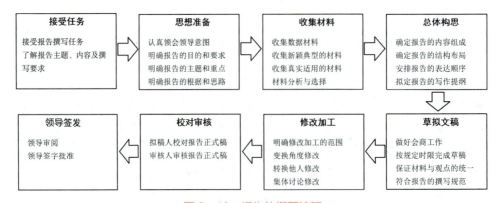

图2-10　报告的撰写流程

撰写公文是一项细致而严谨的工作，有明确的撰写流程。因此，撰写公文时，首先要在接受任务时正确领会领导意图，发挥主观能动性，确定公文的主题和内容；然后要做好充分的思想准备，构思公文的内容和重点。更重要的是，还要尽量收集齐全各方面的材料，做好整体构思。草拟公文过程中，要讲究效率和质量，在完成初稿后，需经反复修改完善，以确保公文万无一失。

公文的起草流程

扫一扫 看一看

（四）报告和请示的区别

报告与请示都是上行文，表明下级单位接受和服从上级或主管部门的领导与指导。但是，二者有明显的区别，如图2-11所示。

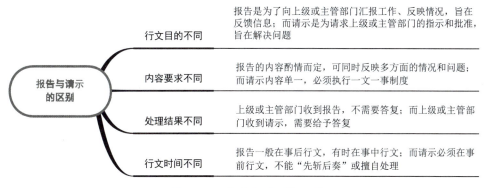

图 2-11　报告与请示的区别

（五）报告的结构与写法

报告的结构与请示基本相同，一般由版头、主体和版记3个部分组成，如图2-12所示。其中，版头和版记与请示完全相同，只有主体部分与请示不同。这里重点介绍报告主体的写法，包括**标题、主送机关、正文和落款**。

扫一扫 看一看

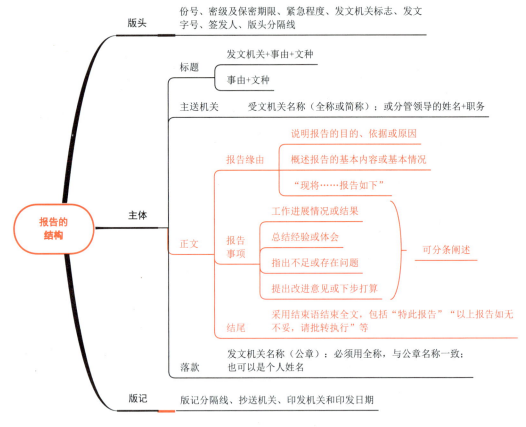

图 2-12　报告的结构

（六）报告的写作模板

报告的写作模板如图 2-13 所示。

二、收集相关资料

（一）收集党史学习教育的相关文件

结合"任务导入"，需要收集党中央下发的《关于在全党开展党史学习教育的通知》，县委下达的通知以及镇党委制订的《关于深入开展党史、新中国史、改革开放史、社会主义发展史学习教育的实施方案》等。

（二）收集镇党委开展党史学习教育的相关资料

本报告的正文部分，需要详细阐述镇党委开展党史学习教育的相关情况，主要围绕"三个聚焦"展开。因此，撰写报告之前，要全面收集党史学习教育中的主要做法、经验以及学习教育取得的成效。

框图模式	文字模板
版头	×××××（份号） 密级： ×××× 文件 ××〔20××〕×××号
标题	×××××××××××××的报告
主送机关	×××，×××，×××：
报告缘由	×××××××××××××××××××××××××××××××××××××××（报告的原因和理由）。 ×××××××××××××××××××××（报告的背景、目的、依据等）。现将有关情况报告如下。
报告事项	×××（工作进展情况和结果、主要做法和经验、存在问题和不足、下步打算等）。
结尾	特此报告（结尾）。
附件说明	附件：×××××××
落款	×××× 20××年××月××日
版记	抄送：××××××× ×××× 20××年××月××日印发 （共印××份）

图 2-13　报告的写作模板

（三）收集撰写报告的相关参考资料

在撰写报告之前，可从有关部门收集类似情况的报告，作为撰写本报告的参考资料。

一、确定报告的缘由

结合"任务导入"的描述，确定报告缘由的如下具体内容。

为贯彻落实党中央《关于在全党开展党史学习教育的通知》精神，根据县委的统一安排部署，××镇党委在党史学习教育中，以"三个聚焦"为抓手，扎实推进党史教育入脑入心，收到了明显成效。现将有关情况报告如下。

二、确定报告的相关事项

根据"任务导入"的描述，确定开展党史学习的基本情况，具体内容如下。

××镇党委在党史学习教育中，以"三个聚焦"为抓手，扎实推进党史教育入脑入心，引导广大党员干部增强"四个意识"、坚定"四个自信"、做到"两个维护"，不断提高政治判断力、政治领悟力、政治执行力，收到了明显成效。

（1）聚焦主题，把党史学习教育统一到初心宗旨的认识上。一是镇党委领导班子以上率下，立起党委带头"第一班"的标准。二是机关示范带动，立起机关党建"第一线"的意识。三是基层纵向落地，立起基层支部"第一棒"的责任。

（2）聚焦主力，把党史学习教育体现在使命担当的行动上。一是开展"线上线下"教育活动，拓宽学习渠道。二是拓展"有声有色"教育形式，掀起学习热情。三是采取"入脑入心"教育方法，提高学习效果。

（3）聚焦融合，把党史学习教育转化到事业发展的实效上。一是融入中心工作，抓好业务结合。二是融入特色工作，抓好品牌结合。三是融入群众工作，抓好服务结合。

（4）党史教育活动中存在的不足。

（5）下一步的打算。

一、撰写版头

本报告的版头与请示的格式相同。

二、撰写主体

本报告的主体包括**标题、主送机关、报告缘由、报告事项、结尾和落款**。其中，报告缘由、报告事项、结尾和落款的内容如图 2-14 所示。

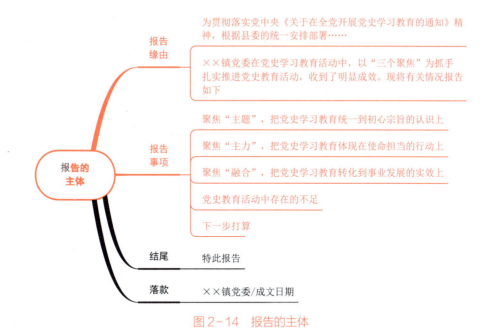

图 2-14　报告的主体

三、撰写版记

本报告的版记与请示的格式相同。

任务演练

请在下面空白处，填写相关内容。（注：页面不够可加插页）

扫一扫 看一看

	份号	
	密级和保密期限	
	紧急程度	
版头	发文机关标志	
	发文字号	
	签发人	

续表

主体		标题		
		主送机关		
	正文	报告缘由		
		报告事项	聚焦1	
			聚焦2	
			聚焦3	
			存在不足	
			下一步打算	
		结尾		
	落款			
版记		抄送机关		
		印发机关和印发日期		

关于公司2021年绿色发展情况的报告

扫一扫 看一看

点评

这篇报告是一份典型的专题报告，写得非常好。最突出的特点是条理清晰，层次分明，观点简明扼要，始终瞄准"绿色发展"这个"靶子"。

报告的导语部分开门见山说明了集团公司绿色发展的基本情况，点明了报告的主题，即2021年集团公司坚持实施绿色洁净发展战略，以"净零"排放为终极目标，持续推进化石能源洁净化、洁净能源规模化、生产过程低碳化，努力为我国应对气候变化贡献石化力量。

报告的第一部分是聚焦绿色发展，优化公司治理结构。从董事会层面、管理层层面、执行层层面以及碳交易层面4个方面，报告了集团公司优化公司治理结构的主要做法，简明扼要。

报告的第二部分是积极创新探索，减少温室气体排放。从大力实施能效提升计划、深耕CCUS领域、大力开展甲烷减排行动3个方面，报告了集团公司减少温室气体排放的做法和成效。利用大量的数字加以佐证，让报告内容真实可信。

报告的第三部分是稳妥布局新能源，践行绿色洁净发展战略。从全产业链协同、积极稳妥布局氢能业务、深入开展"光伏+"行动3个方面，报告了集团公司在清洁能源开发利用方面的主要做法和成绩，用具体的项目和加油站事例加以说明，增强了报告内容的可靠性。

总之，本报告具有非常高的示范和参考价值，值得推广。

✏ 任务检测

使用微信小程序扫码进入在线测试，可反复多次答题，以巩固学习成果。

扫一扫 看一看

✓ 任务评价

任务评价表

小组编号： 　　　　　　　　　　　　　　　　　姓　名：

任务名称						
评价方面	任务评价内容	分值	自我评价	小组评价	教师评价	得分
理论知识	1.了解报告的定义、类型和撰写流程	10				
	2.了解报告的内容、结构和写法	15				
	3.了解报告和请示的区别	10				
实操技能	1.收集撰写报告的资料	10				
	2.学会撰写报告的版头	10				
	3.学会撰写报告的主体	25				
	4.学会撰写报告的版记	10				
思政素养	1.具有实事求是的职业品质	5				
	2.继承和发扬党的优良传统	5				
总分						

 知识链接

根据《条例》的规定，报请性公文主要包括请示、报告和批复。

扫一扫 看一看

📖 项目综合实训

一、实训任务

引导学生在实践中坚定中国梦的理想信念，激发广大学生的报国志向和积极奉献的精

神，进一步发挥社会实践在加强和改进大学生思想政治教育中的积极作用，动员广大青年积极投身中国特色社会主义事业的伟大实践，促进青年大学生在基层实践中成人成才成功，××××大学××学院团委拟于2022年7—8月组织开展大学生暑期"三下乡"社会实践活动。关于此次社会实践活动的相关资料如下。

（一）活动主题

弘扬实践精神，奋斗中国梦。

（二）活动时间

2022年7月5日—2022年8月30日。

（三）活动地点

学生所在地区的企业、旅游景点和社区等。

（四）活动内容

（1）与专业学习相结合。结合专业所学，组织学生以参观学习、挂职锻炼、社区共建等形式开展理论宣讲，做到以实践活动促进专业学习，以专业所学服务人民群众。

（2）与服务社会相结合。结合新农村建设、环境保护、支教助学等内容，落实"帮扶百村"、援建共青书屋、暑期"三结合"等项目，开展形式多样的志愿服务活动。

（3）与勤工助学相结合。结合自身实际和职业规划，开展力所能及的勤工助学活动，在锻炼实践能力的同时取得一定的经济报酬。

（五）附件

××学院大学生暑期"三下乡"社会实践活动实施方案。

该学院团委组织的此次社会实践活动，需要得到学校团委的批准，请以该学院团委的名义，给该校团委撰写一份请示。

二、实训指南

（一）任务准备

（1）查阅该学院关于学生社会实践活动的相关文件规定。
（2）了解本次社会实践活动的相关具体内容。
（3）重温请示的撰写规范。

（二）任务筹划

（1）确定请示的版头。
（2）确定请示的主体，包括标题、主送机关、正文（请示原因和理由、请示事项、请

求批复）、附件、落款。

（3）确定请示的版记。

（三）任务实施

（1）撰写版头。

（2）撰写主体，包括标题、主送机关、请示原因和理由、请示事项、请求批复、落款。

（3）撰写版记。

（四）任务成果

由各团队汇报展示撰写的请示。

（五）任务评价

对各团队撰写的请示进行评比打分，记入实训成绩记录表。

项目总结

使用微信小程序扫码查看项目总结思维导图，巩固本项目的知识点和请示、报告写作实操要点。

扫一扫 看一看

项目三

撰写指令性公文

项 目 导 读

　　部署性公文是指党政机关、企事业单位和社会团体在处理公务与办理事务过程中，对下级机关单位布置工作、安排事务、处理问题而发布的具有领导性、指导性、命令性的公文。主要包括决定、意见和命令。本项目通过行动导向"六步法"操作流程，了解指令性公文的相关知识，掌握指令性公文的写作方法和体例要求，具备撰写决定和意见的基本技能。

@ 学习目标

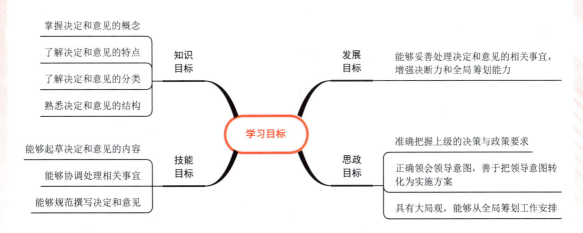

任务一　撰写决定

⊘ 任务导入

2020年年初以来，新冠肺炎疫情持续蔓延，给广大小微企业生产经营造成严重影响，使很多小微企业面临困难甚至陷入困境。

小微企业是××县经济发展的中坚力量，小微企业遇到生产经营困难，会直接影响到县经济发展。在此背景下，2022年2月16日，××县人民政府召开县政府常务办公会，专题研究疫情期间促进小微企业健康发展问题，制定并提出了若干支持政策。主要包括如下内容。**一是给予小微企业财税政策支持。**给予贷款贴息、担保、设备投资补助、政府采购绿色通道等政策支持；给予房产税、城镇土地使用税困难减免税政策；给予延期缴纳税款政策支持；优先办理相关企业退税；及时办理停业登记及定额调整等。**二是稳定企业职工队伍。**实施援企稳岗政策，对面临暂时性生产经营困难且恢复有望、坚持不裁员或少裁员的参保企业，返还6个月企业及其职工上年度应缴纳社会保险费的50%；扩大以工代训补贴范围，参保企业新吸纳劳动者就业并开展以工代训的，给予企业每人每月500元培训补贴等。**三是加大信贷支持力度。**对于受疫情影响较大的批发零售、住宿餐饮、物流运输、文化旅游等企业，以及其他有发展前景但暂时受困的企业信贷予以展期或续贷；引导金融机构利用互联网、电话、微信等线上形式，持续与受疫情影响的小微企业开展对接，满足企业信贷需求，提高信贷服务效率；充分发挥政府信贷担保作用，对受疫情影响较大的小微企业平均担保费率降至1%以下等。**四是帮助企业稳定生产。**协助企业解决防控物资保障、原材料供应、物流运输等问题等。**五是减轻企业生产经营负担。**鼓励商务楼宇、商场、市场运营方等业主（房东）对小微企业适度减免疫情期间的租金等。以上政策执行期限有明确规定的，按相关规定执行；没有明确期限的，至疫情解除时止。

结合上述材料，请以××县人民政府的名义起草一份决定。

📖 任务准备

一、决定的撰写规范

（一）决定的定义

根据《党政机关公文处理工作条例》（以下简称《条例》）的规定，决定的定义如图

3-1 所示。

图 3-1 决定的定义

在项目一中，通知和通报也可以对有关事项做出安排部署，对有关单位或个人进行奖惩，但是，通知和通报只能涉及一般性事项或行动，而对于重大事项或行动，必须使用决定。因此，在撰写决定时，站位要高，应从全局的高度统筹重大事项和行动的安排部署，或者对重要人物或单位进行奖惩。

（二）决定的特点

决定具有**权威性、强制性、决策性和决断性**4 个特点，具体内容如图 3-2 所示。

扫一扫 看一看

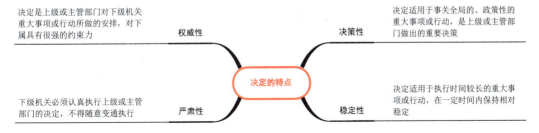

图 3-2 决定的特点

决定一般是党政机关、企事业单位和社会团体对重大事项做出的部署性安排，或对重要人物或事迹进行表彰而制发的公文。如果是一般性事项，可采取通知的形式发布；如果是一般的先进人物和先进事迹，则可采用通报的形式发布。

（三）决定的类型

决定主要包括**法规性决定、政策性决定、部署性决定、奖惩性决定和变更性决定** 5 种类型，如图 3-3 所示。

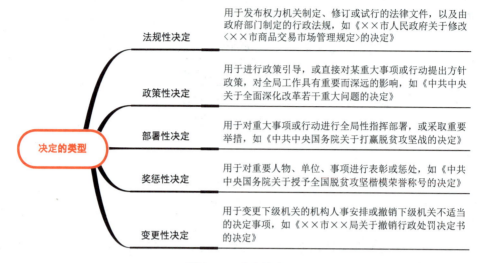

图3-3 决定的类型

（四）决定的结构与写法

1. 决定的结构

决定一般由版头、主体和版记3部分组成。其中，版头和版记的格式与知照性公文基本相同。主体部分的标题、主送机关和落款也与知照性公文相同。这里重点介绍决定的正文结构。

一般来说，决定的正文由开头、决定事项和结尾3部分构成。

（1）开头部分。 简要写明做出决定的背景、原因、目的、依据和重大意义等。

（2）决定事项部分。 具体而明确地写明决定事项的若干个方面或若干个组成部分，可采用四种不同的结构形式，即分段式、条款式、分块式和条块式，如图3-4所示。

（3）结尾部分。 一般用一个自然段，发出号召，或者提出希望，或者提出执行要求。

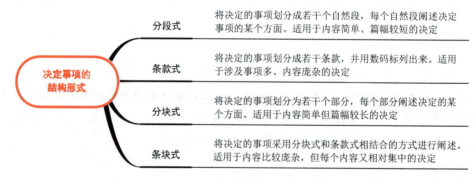

图3-4 决定事项的结构形式

2. 不同类型决定的写法

不同类型的决定，总体结构大致相同，只是其正文的写法略有不同，所以，这里重点介绍不同类型决定的正文写法，如图3-5所示。

扫一扫 看一看

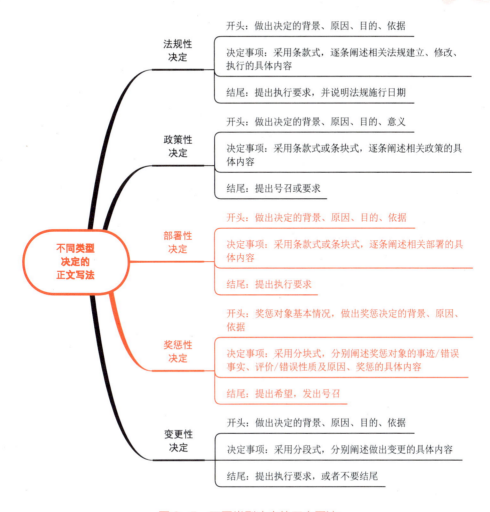

图 3-5　不同类型决定的正文写法

（五）决定的写作模板

决定的写作模板如图 3-6 所示。

二、收集相关资料

在撰写本决定之前，需要收集以下 3 个方面的资料。

（一）国务院、省、地（市）发布的政策性文件

自新冠肺炎疫情暴发以来，习近平总书记多次做出重要指示，强调要统筹好疫情防控和经济社会发展，采取更加有效措施，努力用最小的代价实现最大的防控效果，最大限度减少疫情对经济社会发展的影响。从国务院到地方各级政府，都发布了相关的疫情防控以及支持小微企业稳定健康发展的支持性政策文件。撰写本决定之前，要收集各级政府下发的文件，作为撰写本决定的政策性依据。

框图模式	文字模板
版头	×××××（份号） 密级： **×××× 文件** ××〔20××〕×××号
标题	**××××××××××××××的决定**
主送机关	×××，×××，×××：
决定缘由	××（决定的背景、原因、目的、依据等）。现做出如下决定。
决定事项	××（采用分段式、分块式、条款式、条块式，列出决定事项）。
结尾	各单位要认真×××××××××××××××××××××（提出执行要求）。
落款	×××× 20××年××月××日
版记	抄送：××××××× ×××× 　　20××年××月××日印发　（共印××份）

图3-6　决定的写作模板

在抗击新冠肺炎疫情的过程中，党和政府始终以人民为中心，统筹防疫与经济发展，取得举世瞩目的成就。同时，党和政府的防疫政策和要求，也得到了广大人民群众的理解和大力支持，形成众志成城的强大抗疫力量。

（二）××县人民政府常务办公会会议纪要

本决定是依据××县人民政府常务办公会会议精神做出的，因此，必须严格按照××县人民政府常务办公会会议纪要的相关内容撰写本决定。决定中的关键内容，必须引用会议纪要的原文。

（三）撰写决定的相关参考资料

撰写本决定，还应从××县人民政府相关部门收集本级和上级的同类决定，作为撰写本决定的参考资料。

✏ 任务筹划

一、确定决定的背景、目的和依据

结合"任务导入"的描述，可以确定张光杰先进事迹的如下具体内容。

小微企业是××县经济发展的基石和中坚力量。为深入贯彻落实习近平总书记关于坚决打赢疫情防控阻击战的重要指示精神，全面落实党中央、国务院和省委、省政府关于疫情防控的各项决策部署，促进疫情期间生产经营遇到困难的小微企业健康发展，经××县政府常务会议研究，特做出如下决定。

二、确定决定的具体事项

根据"任务导入"的描述，确定决定的相关事项，具体内容如下。

一、给予小微企业财税政策支持

1．落实财政支持政策。对列入省、市确定的疫情防控急需物资生产企业名单的小微企业，给予贷款贴息、担保、设备投资补助、政府采购绿色通道等政策支持。

2．落实企业税收减免政策。对于因疫情原因导致重大损失、生产经营受到重大影响的小微企业，符合相关条件的，给予房产税、城镇土地使用税困难减免税政策。

3．给予延期缴纳税款政策支持。对因疫情影响不能按期缴纳税款且符合延期缴纳税款条件的小微企业，给予延期三个月缴纳税款的政策支持。

4．优先办理相关企业退税。优先、加快为符合条件的小微企业办理增值税留抵退税，缓解企业资金占用压力，支持企业释放产能、扩大生产。

5．及时办理停业登记及定额调整。疫情防控期间，对于实行定期定额征收的个体工商户，税务机关简化停业登记办理流程，及时办理停业登记。对因疫情影响经营的，结合实际情况合理调整定额。

二、稳定企业职工队伍

1．实施援企稳岗政策。对面临暂时性生产经营困难且恢复有望、坚持不裁员或少裁员的参保企业，返还6个月企业及其职工上年度应缴纳社会保险费的50%，执行期限至2022年12月31日。

2．扩大以工代训补贴范围。参保企业新吸纳劳动者就业并开展以工代训的，给予企业每人每月500元培训补贴，最长不超过6个月。

三、加大信贷支持力度

1.对小微企业信贷予以展期或续贷。对于受疫情影响较大的批发零售、住宿餐饮、物流运输、文化旅游等企业，以及其他有发展前景但暂时受困的企业，以及到期还款困难的企业，予以展期或续贷。

2.提高信贷服务效率。持续开展"农商信用社进企业""金助民企小微"等活动，引导金融机构利用互联网、电话、微信等线上形式，持续与受疫情影响的小微企业开展对接，满足企业信贷需求。

3.充分发挥政府信贷担保作用。疫情防控期间，降低担保和再担保费率，对受疫情影响较大的小微企业平均担保费率降至1%以下。对确无还款能力的小微企业，担保机构及时履行代偿义务，视疫情影响情况适当延长追偿时限，符合核销条件的，按规定核销代偿损失。

四、帮助企业稳定生产

帮助企业稳定生产经营。协助企业解决防控物资保障、原材料供应、物流运输等问题，加强防控监督指导，确保企业在疫情防控达标前提下正常生产。

五、减轻企业生产经营负担

减免小微企业房租。鼓励商务楼宇、商场、市场运营方等业主（房东）对小微企业适度减免疫情期间的租金。对承租国有资产类经营用房的小微企业，1个月房租免收、2个月房租减半。

以上政策执行期限有明确规定的，按相关规定执行；没有明确期限的，至疫情解除时止。上级出台相关政策的，××县遵照执行。

决定既是一级组织做出的具有指导性、指令性、部署性的工作部署，具有很强的原则性和权威性，同时，又必须具有可操作性。因此，在撰写决定的过程中，可根据××县人民政府常务办公会会议纪要的内容，做适当的细化和展开，让决定更具有可操作性。

三、确定执行要求

根据"任务导入"的描述，确定决定的执行要求，具体内容如下。

各单位、各部门要尽职尽责，严格执行本决定，为小微企业正常生产经营创造良好的营商环境，确保疫情期小微企业健康发展，为××县经济持续健康发展做出贡献。

🎯 任务演练

一、撰写版头

本决定的版头撰写，如图3-7所示。

份号：

×× 县人民政府文件

×府发〔2022〕×××号

图 3-7　决定的版头

二、撰写主体

本决定的主体包括标题、主送机关、正文和落款。主体的具体内容如图 3-8 所示。

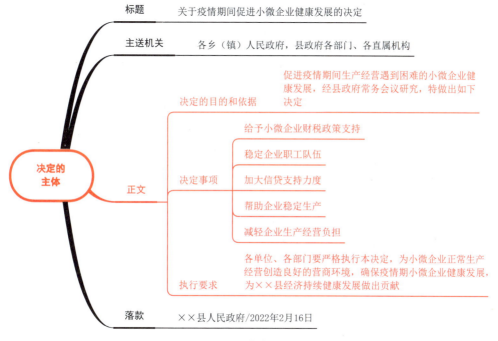

图 3-8　决定的主体

三、撰写版记

本决定的版记如图 3-9 所示。

抄送：××市人民政府

××县人民政府办公室	2022 年 2 月 16 日印发	（共印 60 份）

图 3-9　决定的版记

任务演练

请在下面空白处，填写相关内容。（注：页面不够可加插页）

扫一扫 看一看

版头	份号		
	密级和保密期限		
	紧急程度		
	发文机关标志		
	发文字号		
主体	标题		
	主送机关		
	正文	决定的目的和依据	
		决定事项	一
			二
			三
			四
			五
		执行要求	
	落款		
版记	抄送机关		
	印发机关和印发日期		

中共中央广西壮族自治区委员会关于追授黄文秀同志"自治区优秀共产党员"称号并开展向黄文秀同志学习活动的决定

扫一扫 看一看

点评

这是一篇典型的表彰性决定。

开头部分，首先简要介绍了黄文秀同志的生平和先进事迹。

其次，对黄文秀同志的先进事迹给予高度评价，指出：黄文秀同志是在"不忘初心、牢记使命"主题教育中涌现出来的群众身边的先进典型。她坚守初心、对党忠诚，她心系群众、担当实干，她品德高尚、克己奉公，她知重负重、坚韧不拔，用生命诠释了一名共产党员应有的价值追求和使命担当，是习近平新时代中国特色社会主义思想的坚定信仰者和忠实践行者，是新时代共产党员不忘初心、牢记使命、永远奋斗的典范，是优秀年轻干部的楷模。

在高度评价的基础上，做出追授黄文秀同志"自治区优秀共产党员"称号并开展向黄文秀同志学习活动的决定。

再次提出号召，用四个排比句"要像黄文秀同志那样"，向全区各级党组织和党员干部发出号召。

最后，提出要求。全区各级党组织要把学习黄文秀同志先进事迹作为开展"不忘初心、牢记使命"主题教育的重要内容，采取多种形式开展学习宣传，引导广大党员干部以先进典型为榜样，学先进、赶先进、当先进，更加紧密地团结在以习近平同志为核心的党中央周围，进一步解放思想、改革创新、扩大开放、担当实干，推动经济社会高质量发展，为加快建设繁荣富裕、开放创新、团结和谐、美丽幸福的壮美广西作出新的更大贡献。

总之，这篇表彰性决定主题思想鲜明，内容丰富，语言表达规范，结构完整合理，逻辑严谨周密，堪称表彰性决定的典范之作。

思政导学

2021年2月25日，全国脱贫攻坚总结表彰大会在北京人民大会堂隆重举行，黄文秀同志的父亲替她领奖。中共中央总书记、国家主席、中央军委主席习近平向全国脱贫攻坚楷模荣誉称号获得者颁奖并发表重要讲话。习近平在会上庄严宣告：我国脱贫攻坚战取得了全面胜利，区域性整体贫困得到解决，完成了消除绝对贫困的艰巨任务，创造了又一个彪炳史册的人间奇迹！这是中国人民的伟大光荣，是中国共产党的伟大光荣，是中华民族的伟大光荣！

任务检测

使用微信小程序扫码进入在线测试，可反复多次答题，以巩固学习成果。

扫一扫 看一看

任务评价

任务评价表

小组编号： 　　　　　　　　　　　姓　名：

任务名称						
评价方面	任务评价内容	分值	自我评价	小组评价	教师评价	得分
理论知识	1.了解决定的定义、特点和类型	10				
	2.了解决定的结构	10				
	3.掌握决定的写作规范	15				
实操技能	1.筹划决定的撰写内容	10				
	2.撰写决定的版头	10				
	3.撰写决定的主体	25				
	4.撰写决定的版记	10				
思政素养	1.能从全局上筹划相关事项或行动的具体安排	5				
	2.培养慎密细致的思维能力	5				
总分						

任务二　撰写意见

任务导入

近年来，一些高校出现大学生自我伤害，甚至自杀的事件。这些悲剧令家长痛心，引起社会广泛关注。导致这些悲剧发生的原因，有一个共同点，那就是学生的心理健康出现了问题。

为了加强大学生心理健康教育工作，2005年，教育部、卫生部和共青团中央联合下发了《关于进一步加强和改进大学生心理健康教育的意见》（教社政〔2005〕1号）；2020年，教育部办公厅下发了《关于印发〈关于普通高等学校学生心理健康教育工作基本建设标准（试行）的通知〉》（教思政厅〔2020〕1号）；2021年，教育部办公厅下发了《关于加强学生心理健康管理工作的通知》（教思政厅函〔2021〕10号）。

在此背景下，××××大学下发了《关于加强大学生心理健康教育工作的意见》，对学校进一步加强大学生心理健康教育工作做出了周密部署。该意见的主要内容包括。

一是提出加强大学生心理健康教育工作的指导思想和基本原则；二是提出加强大学生心理健康教育工作的主要任务；三是提出加强和改进大学生心理健康教育工作的途径方法；四是提出加强和改进大学生心理健康教育工作的保障机制。

请从网上收集有关加强大学生心理健康教育工作的相关资料，并以该学校的名义撰写这份意见。

任务准备

一、意见的撰写规范

（一）意见的定义

根据《条例》的规定，意见是指党政机关、企事业单位和社会团体**对重要问题提出见解和处理办法**的一种具有特定效力和规范体式的公文。

（二）意见的特点

意见具有**指导性、原则性、针对性、分析性和多向性**4个特点，如图3-10所示。

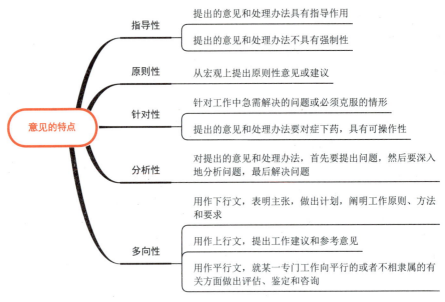

图 3-10　意见的特点

（三）意见的类型

意见可分为**下行意见、上行意见和平行意见**。其中，下行意见包括**指导性意见、规定性意见、规划性意见、实施性意见和具体工作意见**，上行意见包括**建设性意见、呈报性意见、呈转性意见**，平行意见包括**评估性意见**，如图 3-11 所示。

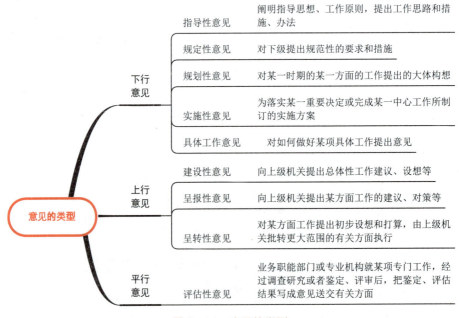

图 3-11　意见的类型

意见既可作为下行文，由上级向下级提出指导性工作思路、措施和办法；也可作为上行文，由下级向上级提出意见和建议；还可作为平行文，由相关单位或第三方机构向特定对象提出鉴定性和评估性意见。因此，撰写意见具有非常重要的作用。每年的中央一号文件，都是以意见的形式发布的。

（四）意见的语言表达要求

意见的语言表达与其他公文有不同的要求。如图 3-12 所示。

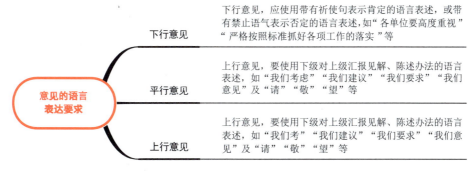

图 3-12 意见的语言表达要求

公文的语言表达基本要求

扫一扫 看一看

（五）意见与其他公文文种的区别

意见与其他公文文种的区别如图 3-13 所示。

（六）意见的结构与写法

1. 意见的结构

意见也由版头、主体和版记 3 个部分组成。其中，版头和版记与决定的格式相同。主体部分中标题、主送机关和落款也与决定相同。这里重点介绍意见的正文的写法。

一般来说，意见的正文由开头、具体意见和结尾 3 个部分构成。

（1）**开头部分**。简要写明提出意见的背景、原因、目的、依据和重大意义等。

（2）**具体意见部分**。从若干个方面或若干个部分，写明具体意见的详细内容。与决定一样，具体意见也可采用 4 种不同的结构形式，即**分段式、条款式、分块式和条块式，**如图 3-14 所示。

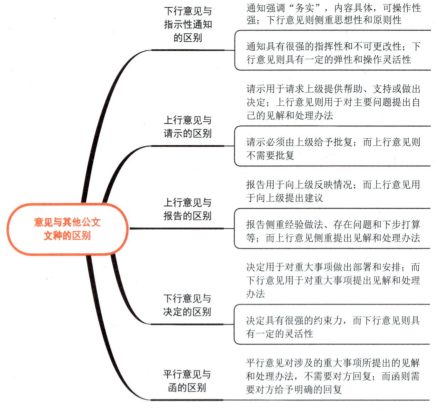

图 3-13　意见与其他公文文种的区别

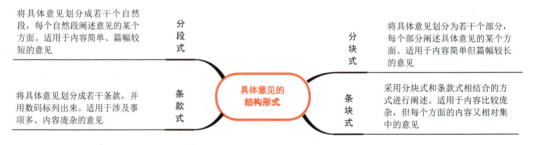

图 3-14　具体意见的结构形式

（3）结尾部分。一般用一个自然段，提出执行要求或者执行建议。

2. 不同类型意见的写法

不同类型意见，总体结构基本相同，只是正文的写法略有不同。所以，这里重点介绍不同类型意见的正文写法，如图 3-15 所示。

扫一扫 看一看

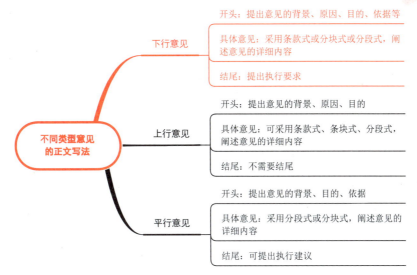

图 3-15　不同类型意见的正文写法

（七）意见的写作模板

意见的写作模板如图 3-16 所示。

二、收集相关资料

（一）收集加强大学生心理健康教育工作的政策文件

本意见的开头，需要说明提出意见的背景、原因、目的和依据等，这就需要收集加强大学生心理健康教育工作的相关政策文件，包括教育部、卫生部和共青团中央联合下发的《关于进一步加强和改进大学生心理健康教育的意见》（教社政〔2005〕1 号），教育部办公厅下发的《关于印发〈关于普通高等学校学生心理健康教育工作基本建设标准（试行）的通知〉》（教思政厅〔2020〕1 号），教育部办公厅下发的《关于加强学生心理健康管理工作的通知》（教思政厅函〔2021〕10 号）等。为撰写本意见的背景、目的和依据提供支撑。

近年来，各级党和政府陆续出台了一系列有关大学生心理健康教育工作的政策文件，为加强大学生心理健康教育工作提供了强有力的政策支持。作为大学生，要善于进行心理健康知识学习、心理健康评估，并掌握改善心理健康状态的方法，不断提升自己的心理健康水平。

（二）收集加强大学生心理健康教育工作的相关研究资料

本意见的正文部分，需要分析大学生心理健康教育工作存在的问题、问题原因以及解决问题的方法途径，因此，需要收集大量关于大学生心理健康教育工作的相关研究资料，作为撰写本意见的理论依据。

（三）收集学校加强大学生心理健康教育工作的相关资料

本意见提出的若干见解和处理办法，需要结合学校的实际情况，让提出的意见更具有针对性和可操作性。因此，撰写本意见之前，还要收集本学校在加强大学生心理健康教育工作方面已有的做法、取得的成效，以及下一步加强大学生心理健康教育工作的思路和设想，作为撰写本意见的重要内容。

（四）收集其他相关的参考资料

为更加规范地撰写本意见，还需要收集其他高校发布的类似意见，作为撰写本意见的参考资料。

框图模式	文字模板
	×××××（份号） 密级：
版头	××××××文件 ××〔20××〕×××号
标题	××××××××××××的意见
主送机关	×××，×××，×××：
意见缘由	××××××××××××××××××××××××× ××××××（意见的背景、原因、目的、依据等）。提出如下意见。
具体意见	×××××××××××××××××××××××××× ×××××××××××××××××××××××××××（采用 分段式、分块式、条款式、条块式，提出具体意见）。
结尾	各单位要认真×××××××××××××××××××× （提出执行要求，上行文不需要结尾）。
附件说明	附件：××××××
落款	×××××× 20××年××月××日
版记	抄送：×××××××× ×××× 20××年××月××日印发 （共印××份）

图 3-16 意见的写作模板

✎ 任务筹划

一、确定意见的背景、目的和依据

结合"任务导入"的描述，确定意见背景、目的和依据，具体内容如下。

为贯彻落实中共中央、国务院《关于进一步加强和改进大学生思想政治教育的意见》（中发〔2004〕16号），教育部、卫生部、共青团中央《关于进一步加强和改进大学生心理健康教育的意见》（教社政〔2005〕1号），教育部办公厅《关于印发〈关于普通高等学校学生心理健康教育工作基本建设标准（试行）的通知〉》（教思政厅〔2020〕1号），教育部办公厅《关于加强学生心理健康管理工作的通知》（教思政厅函〔2021〕10号）等文件精神，进一步加强我校大学生心理健康教育工作，不断提高我校大学生心理健康水平，促进学生素质全面协调发展，现结合我校实际，特制定本实施意见。

二、确定意见的具体内容

根据"任务导入"的描述，经查找相关资料，确定该校加强大学生心理健康教育工作的4个方面具体内容。

一、加强和改进大学生心理健康教育工作的指导思想和基本原则

指导思想：以习近平新时代中国特色社会主义思想为指导，以习近平关于高等教育重要论述为指针，遵循思想政治教育和大学生心理发展规律，以普及心理健康知识为基础，以提高心理调节能力为重点，以培养良好的心理品质为目标，促进大学生思想道德素质、科学文化素质和身心健康素质协调发展。

基本原则：坚持心理健康教育与思想教育相结合；坚持普及教育与个别咨询相结合；坚持课堂教育与课外活动相结合；坚持学校教育与自我教育相结合；坚持解决心理问题与解决实际问题相结合。

二、加强和改进大学生心理健康教育工作的主要任务

1. 宣传普及心理学基础知识。

2. 介绍增进心理健康和提高心理素质的途径和方法。

3. 正确及时地识别并处理各类心理问题。

三、加强和改进大学生心理健康教育工作的途径方法

（一）进一步完善大学生心理健康教育工作的机构体系：在校一级成立心理健康教育指导委员会；在各二级学院建立心理健康教育工作站；在班级建立心理委员制度。

（二）加强大学生心理健康教育工作的队伍建设：形成专兼结合的心理健康教育工作队伍；加强队伍培训，提高工作水平。

（三）切实发挥校心理咨询服务中心的职能：进一步做好个别咨询和团体辅导工作；开展多种形式的心理健康教育工作；做好学生心理危机预警与干预网络的建设。

四、加强和改进大学生心理健康教育工作的保障机制

设立心理健康教育工作的专项经费；安排专门的心理健康教育的工作场地，逐步完善相关配套设施建设等。

三、确定意见的结尾

查找其他高校发布的类似意见，确定本意见的结尾内容，具体内容如下。

各单位要高度重视大学生心理健康教育工作，加强组织领导，明确职责分工，采取切实有效的措施，抓好工作落实，不断提高我校大学生心理健康水平，为培养高素质新型应用型人才做出贡献。

◆ 任务实施

一、撰写版头

本意见的版头撰写，与决定的版头格式相同。

二、撰写主体

本意见的主体包括**标题、主送机关、正文和落款**。如图 3-17 所示。

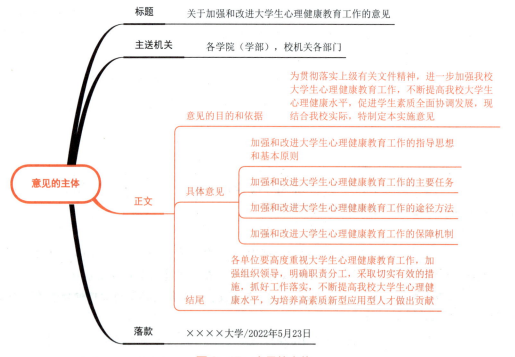

图 3-17 意见的主体

三、撰写版记

意见的版记撰写，如图 3-18 所示。

抄送：教育部高校学生司		
××××大学办公室	2022年5月23日印发	（共印50份）

图 3-18 意见的版记

♣ 任务演练

请在下面空白处，填写相关内容。（注：页面不够可加插页）

扫一扫 看一看

版头	份号		
	密级和保密期限		
	紧急程度		
	发文机关标志		
	发文字号		
主体	标题		
	主送机关		
	正文	意见的目的和依据	
		具体意见	一
			二
			三
			四
		结尾	
	落款		

续表

版记	抄送机关	
	印发机关和印发日期	

 经典示范

关于全面提升学校校园文化建设的实施意见

扫一扫 看一看

点评

意见的开头，简明扼要地阐明了意见的背景、目的和依据。

意见的第一部分是"充分认识校园文化建设的重要意义"，从 3 个方面阐述了校园文化建设的重要意义。

意见的第二部分是"完善学校校园文化的体系"，从 4 个方面提出了具体实施意见。

意见的第三部分是"丰富学校校园文化内涵"，从 2 个方面提出了具体实施意见。

意见的第四部分是"加强校园文化建设的领导"，从 3 个方面提出了具体实施意见。

意见的最后，提出要求作为结束语。

任务检测

使用微信小程序扫码进入在线测试，可反复多次答题，以巩固学习成果。

扫一扫 看一看

✅ 任务评价

任务评价表

小组编号：　　　　　　　　　　　　　　姓　名：

任务名称						
评价方面	任务评价内容	分值	自我评价	小组评价	教师评价	得分
理论知识	1.了解意见的定义、特点和类型	10				
	2.了解意见的结构和写法	15				
	3.了解意见和其他公文文体的区别	10				
实操技能	1.收集撰写意见的资料	10				
	2.学会撰写意见的版头	10				
	3.学会撰写意见的主体	25				
	4.学会撰写意见的版记	10				
思政素养	1.具有统筹全局的思维能力	5				
	2.提升心理健康水平	5				
总分						

📖 项目综合实训

一、实训任务

在项目一中，撰写了《××总公司党委关于授予张光杰同志"优秀共产党员"荣誉称号的通报》。如果该公司党委做出向张光杰同志学习的决定，请以该公司党委的名义，撰写一份表彰性决定。

二、实训指南

（一）任务准备

（1）重温项目一中张光杰的先进事迹、对先进事迹的评价、表彰奖励内容等，同时加

入"向张光杰同志学习"的相关内容。

（2）按照决定的结构和写法，调整相关内容，转化为决定的内容。

（3）复习决定的撰写规范。

（二）任务筹划

（1）确定决定的版头。

（2）确定决定的主体内容，包括标题、主送机关、正文（做出决定的目的和依据、张光杰先进事迹及其评价、表彰奖励、向张光杰同志学习、希望与号召）、落款。

（3）确定决定的版记。

（三）任务实施

（1）撰写版头。

（2）撰写主体（包括标题、主送机关、做出决定的目的和依据、决定事项、希望与号召、落款）。

（3）撰写版记。

（四）任务成果

由团队汇报展示撰写的决定。

（五）任务评价

对各团队撰写的决定进行评比打分，记入实训成绩记录表。

项目总结

使用微信小程序扫码查看项目总结思维导图，巩固本项目的知识点和决定、意见写作实操要点。

扫一扫 看一看

项目四

撰写商洽性公文

项 目 导 读

　　商洽性公文是指党政机关、企事业单位和社会团体在处理公务与办理事务过程中，与有关单位或机构探讨、协商一般事项，对某组织或个人的使命、身份、经历或某事件提供证据，或对有关各方面权利、义务、责任做出说明的公文。主要包括 **公函和商函**。本项目通过行动导向"六步法"的操作流程，**了解商洽性公文的相关知识，掌握商洽性公文的结构和写作方法，具备撰写公函和商函的基本技能。**

@ 学习目标

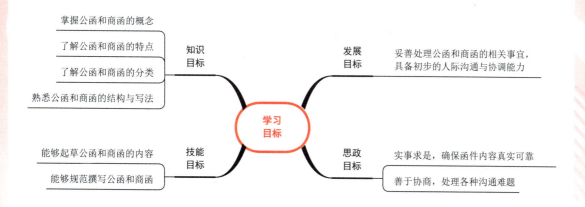

任务一　撰写公函

☑ 任务导入

　　2022 年 6 月 5 日，××城市学院人事处向××××大学人事处发出一封公函，主要内容为：根据两所学校战略合作协议，××城市学院向××××大学借调 3 名教师，以加强该校"新工科"专业师资队伍建设，提高"新工科"人才培养质量。

　　借调教师的相关事宜包括以下 9 项：(1)借调教师的专业领域为大数据、人工智能、智能制造等；(2)借调教师的数量为 3 人；(3)借调教师的学历为博士；(4)借调教师的职称为副教授及以上；(5)借调教师的年龄在 55 周岁以下；(6)具有教师团队管理经验的教师优先；(7)借调教师的福利待遇；(8)借调教师的日常管理；(9)借调手续与借调期限。

　　结合上述材料，以××城市学院人事处的名义撰写一份公函。

📖 任务准备

一、公函的撰写规范

(一)公函的定义

　　根据《党政机关公文处理工作条例》的规定，公函是指不相隶属机关之间**商洽工作、询问和答复问题、请求批准和答复审批事项**的一种具有特定效力和规范体式的公文。

　　在党政机关公文中，公函是强制性最弱的公文，也是平等性、情感性体现最充分的公文。因此，在撰写公函时，在语言表达上要做到热情友好、真诚礼貌。

(二)公函的特点

　　公函具有**法定性、沟通性、单一性、时效性和灵活性** 5 个特点，如图 4-1 所示。

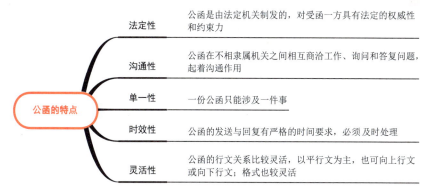

图 4-1 公函的特点

（三）公函的类型

根据发函的目的不同，公函可以划分为**发函**和**复函**两种。发函是指主动提出商洽、询问有关公务事项所发出的函。复函则是为回复对方所发出的函。

扫一扫 看一看

按照发函的内容和用途，公函可以划分为**商洽函、联系函、询问函、请求函、答复函、批准函、告知函** 7 种类型，如图 4-2 所示。

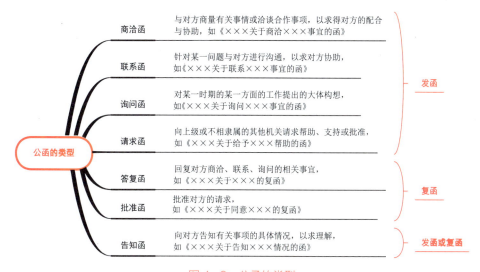

图 4-2 公函的类型

（四）公函的结构与写法

公函一般由版头、主体两部分组成，一般没有版记。**注意！**如果是上行文的请求函和下行文的批准函，有时也使用版记，该版记与知照性公文和指令性公文的版记格式相同。

1. 版头的结构与写法

公函的版头与其他公文不同，主要由**发文机关标志、发函编号和版头分隔线**组成。如图 4-3 所示。

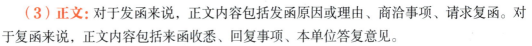

图4-3 公函的版头

2. 主体的结构与写法

公函的主体一般包括标题、主送机关、正文、落款。

（1）标题： 发文机关名称+事由+文种（函/复函）。

（2）主送机关： 主送机关的全称或规范化简称。

（3）正文： 对于发函来说，正文内容包括发函原因或理由、商洽事项、请求复函。对于复函来说，正文内容包括来函收悉、回复事项、本单位答复意见。

（4）落款： 发/复函单位名称和发/复函日期。

（五）公函的写作模板

公函的写作模板如图4-4所示。

扫一扫 看一看

框图模式	文字模板
版头	**××××文件** **×××号（公函编号）**
标题	**×××××××××××××的公函**
主送机关	×××：
请示缘由	××××××××××××××××××××××× ××××××××××（发函的背景、目的和依据）。
请示事项	××××××××××××××××××××××× ××××××××××××××××××××××（根据不同类型的公函，写明具体的函告事项）。
结尾	请予支持并复函/特此函告/此复。（结尾）
落款	×××× 20××年××月××日

图4-4 公函的写作模板

二、收集相关资料

在撰写公函之前，需要收集以下 3 个方面的资料。

（一）两所学校签订的战略合作协议

撰写公函之前，必须收集两所学校签订的战略合作协议，掌握协议中涉及到的教师交流与合作相关条款，作为撰写本公函的重要依据。

（二）××城市学院关于借调教师的规章制度

撰写本公函，涉及到借调教师的相关条件、管理和待遇等方面的问题，因此，还要收集该学院有关借调教师的管理规定。

借调教师属于重要的人力资源管理工作，必须谨慎行事，严格按照学校的相关规定执行。在撰写公函时，要根据学校的规定，明确借调教师的借调条件、管理办法和薪酬待遇等。

（三）撰写公函的相关参考资料

从网上查找高校借调教师的类似公函，作为撰写本公函的参考资料。

✎ 任务筹划

一、确定公函的标题

结合"任务导入"的描述，确定公函的标题为"关于借调 3 名'新工科'专业教师的函"。

二、确定公函的背景、目的和依据

根据"任务导入"的描述，确定公函的背景、目的和依据，具体内容如下。

为加强我校"新工科"专业建设和师资队伍建设，提高"新工科"人才培养质量，根据《××城市学院与××××大学战略合作协议》，拟从贵校××学院借调 3 名教师，作为我校"新工科"专业的咨询专家和青年骨干教师培养导师。

根据教育部办公厅印发的《关于公布首批"新工科"研究与实践项目的通知》，"新工科"专业改革涵盖了包括人工智能类、大数据类、智能制造类等在内的 19 个项目群。

加强"新工科"专业改革，也是解决"卡脖子"关键技术难题的重大举措。

三、确定公函的具体借调事项

根据"任务导入"的描述以及查找的相关资料，确定公函的具体借调事项。这也是本公函最主要、最核心的内容。具体内容如下。

一、借调教师的任职条件

1.借调教师的专业领域分别为大数据、人工智能和智能制造。

2.借调教师的学历为博士，具有副教授及以上专业技术职务。

3.借调教师的年龄在55周岁以下。

4.具有教学团队管理经验者优先。

二、借调教师的日常管理

1.借调教师的行政管理由我校××学院负责。

2.借调教师的党组织关系转入我校××学院党支部，参加党支部组织活动。

3.借调教师的人事档案、职称晋升等仍由贵校负责。

三、借调教师的薪酬待遇

1.借调教师仍享有与贵校同等的薪酬（含绩效）和各项福利待遇。

2.我校根据借调教师的表现和贡献，再给予一定的岗位补贴和特殊贡献奖。

四、借调期限与借调手续办理

1.借调期限为2年。

2.2022年7月30日前办理借调手续。

四、确定公函的结束语

参考类似的公函，确定公函的结束语，具体内容如下。

诚请大力支持并研复为盼。

◆ 任务实施

一、撰写版头

本公函的版头撰写，如图4-5所示。

××城市学院

函〔2022〕36号

图4-5　公函的版头

二、撰写主体

本公函的主体包括**标题、主送机关、正文和落款**。具体内容如图 4-6 所示。

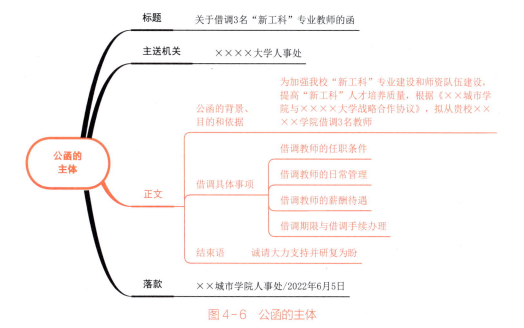

图 4-6 公函的主体

任务演练

请在下面空白处，填写相关内容。（注：页面不够可加插页）

扫一扫 看一看

版头	发文机关标志	
	公函编号	
主体	标题	
	主送机关	

续表

主题	正文	公函的背景、目的和依据		
		借调具体事项	一	
			二	
			三	
			四	
		结束语		
	落款			

教育部关于同意将上海作为教育数字化转型试点区的函

扫一扫 看一看

点评

这是一篇典型的答复函。

首先，答复函交待了复函背景，即"《上海市人民政府关于申请将上海作为全国教育数字化转型试点区的函》（沪府函〔2021〕54号）收悉"，将上海市人民政府的来函的名称、公函编号交待得非常清楚。

其次，表明教育部的态度，即"经研究，我部同意将上海作为教育数字化转型试点区"。

最后，提出明确要求，即"请围绕建设高质量教育体系、加快推进教育现代化、建设教育强国发展目标，进一步完善实施方案，落实配套政策等相关支持保障条件，尽快启动并加快推进试点区建设工作。有关进展情况与成效请及时报送我部"。

条理非常清晰，内容短小精炼，既表明了态度，也提出了要求，是一篇值得参考借鉴的公函。

任务检测

使用微信小程序扫码进入在线测试，可反复多次答题，以巩固学习成果。

扫一扫 看一看

任务评价

任务评价表

小组编号：　　　　　　　　　　　　　　　　　　　姓　名：

任务名称						
评价方面	任务评价内容	分值	自我评价	小组评价	教师评价	得分
理论知识	1.了解公函的定义	10				
	2.了解公函的特点和类型	10				
	3.掌握公函的结构与写法	15				
实操技能	1.起草公函的撰写内容	15				
	2.撰写公函的版头	15				
	3.撰写公函的主体	25				
思政素养	1.正确领会领导意图，并转化为合理可行的指令	5				
	2.养成令行禁止、雷厉风行的工作作风	5				
总分						

任务二　撰写商函

任务导入

2022年4月28日，乙公司（真丝绢花生产商）收到甲公司（销售商）的询问函，甲公司向乙公司了解真丝绢花产品的相关情况及乙公司的交易条款。5月6日，乙公司回函，详细介绍了本公司生产的真丝绢花产品，并介绍了本公司的产品交易条款。

乙公司的真丝绢花产品情况：真丝绢花以绫、绸、绢、缎等高级丝绸为原料，品种有月季、寒冬梅、杜鹃、凤尾兰等千余种，式样有瓶插花、盆景、花篮等。质地轻盈，不褪色、耐温耐压。乙公司同时将真丝绢花产品全套彩色样本作为附件说明一并寄送给甲公司。

乙公司的交易条款主要包括产品规格、包装、发货数量、付款、索赔、仲裁6个方面。产品规格：品种有月季、寒冬梅、杜鹃、凤尾兰等千余种，式样有瓶插花、盆景、花篮等。质地轻盈，不褪色、耐温耐压。包装：纸箱装。大花每箱装20盒，每盒装12枝；小花每箱装30盒，每盒20枝。纸箱外套有防水蜡纸，外捆塑料打包带。每箱尺寸为长70厘米，宽60厘米，高50厘米，每箱毛重45千克，净重43.5千克。发货数量：为便于装运，多发或少发5%的货物，其多发、少发部分按合同价格结算。付款：买方确认订货后，应先预付20%的货款。确认收货后，在7个工作日内付完全款。索赔：如果买方对货物质量提出索赔，必须在收货后30天内提出。货物质地、重量、尺寸、花型、颜色均允许有合理差异，对在合理差异范围内提出的索赔，不予受理。仲裁：对于合同履行过程中发生的争议和纠纷，双方应通过友好协商解决，如协商不能解决，应提交××××仲裁委员会进行仲裁，仲裁裁决对双方均有约束力。

请以乙公司的名义撰写这份商函。

任务准备

一、商函的撰写规范

（一）商函的定义

商函是指企业与企业之间，在各种商务场合或商务往来过程中所使用的简便书信。其主要作用是在商务活动中**建立商务关系、传递商务信息、联系商务事宜、处理争议赔偿**等。

（二）商函的特点

商函具有**目的商业性、语言口语性、内容直接性、态度真诚性、主旨单一性和地位平等性**6个特点，如图4-7所示。

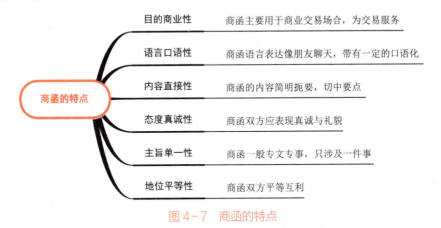

商函的特点		
	目的商业性	商函主要用于商业交易场合，为交易服务
	语言口语性	商函语言表达像朋友聊天，带有一定的口语化
	内容直接性	商函的内容简明扼要，切中要点
	态度真诚性	商函双方应表现真诚与礼貌
	主旨单一性	商函一般专文专事，只涉及一件事
	地位平等性	商函双方平等互利

图4-7 商函的特点

商函是为达成交易目的服务的。因此，撰写商函时，一定要做到态度热情诚恳，语气谦恭礼貌，内容简明扼要，给受函方留下良好的印象，促成商务活动。

（三）商函的类型

商函主要包括**建立商务关系函、传递商务信息函、联系商务事宜函、处理争议赔偿函**4种类型，如图4-8所示。

商函的类型多样，格式灵活。撰写商函时，要按照商业惯例，根据受函方的特点和个性化需求，定制商函。

（四）商函和公函的区别

商函和公函的区别如图4-9所示。

扫一扫 看一看

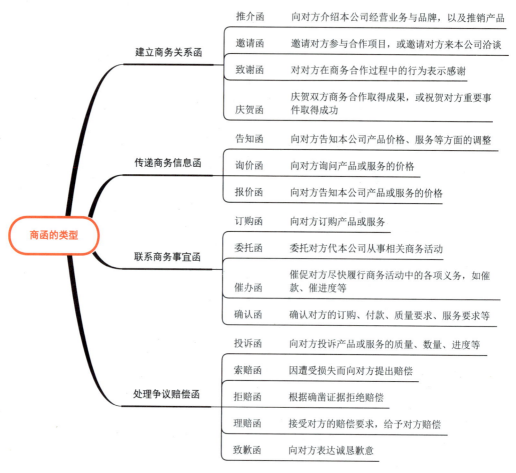

图4-8 商函的类型

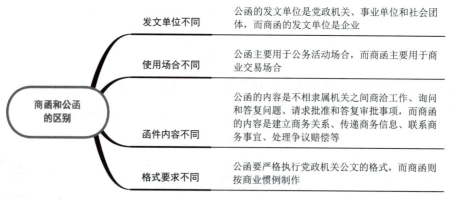

图4-9 商函和公函的区别

（五）商函的结构与写法

从商函的结构与写法来看，国内商函与国际商函有所不同。

1. 国内商函的结构与写法

国内商函主要由版头、主体两部分组成，一般没有版记。

（1）国内商函的版头结构与写法。国内商函的版头与公函基本相同，主要由发文机关标志、发函编号和版头分隔线组成。如图4–10所示。

×× 有限公司

函〔2022〕058号

图4–10　国内商函的版头

（2）国内商函的主体结构与写法。国内商函的主体一般包括**标题、收函单位、正文、落款**。如图4–11所示。

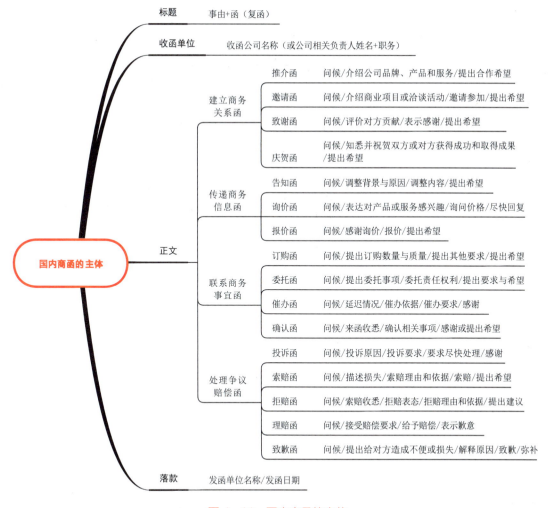

图4–11　国内商函的主体

2. 国际商函的结构与写法

国际商函主要由版头和主体两部分组成，没有版记。

（1）国际商函的版头结构与写法。国际商函的版头主要由信头、案号、日期、收件人4个部分组成。如图4-12所示。

图4-12 国际商函的版头

（2）国际商函的主体结构与写法。国际商函的主体一般包括**主题、称呼、正文、结尾语、签名、附件说明、附言**7个部分。如图4-13所示。

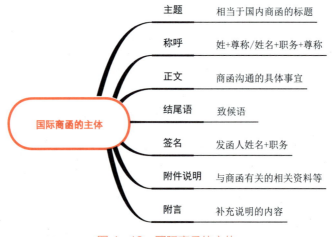

图4-13 国际商函的主体

（六）商函的写作要求

商函的写作要求可以归纳为"7C"，如图4-14所示。

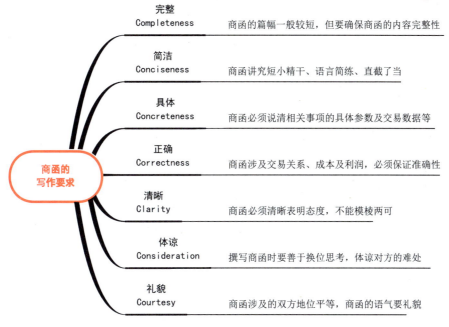

图 4-14　商函的写作要求

（七）商函的写作模板

商函的写作模板如图 4-15 所示。

框图模式	文字模板
版头	×××××××
标题	×××号（商函编号） ×××××××××××××**的商函**
收函单位	×××：
发函缘由	××××××××××××××××××××××××××××（发函的背景、目的和依据）。 ××××××××××××××××××××××××××××（报告的背景、目的和依据等）。现将有关情况报告如下。
函告事项	××（根据不同类型的商函，写明具体的函告事项）。
结尾	请予支持并复函/特此函告/此复（结尾）
落款	××××××× 20××年××月××日

图 4-15　商函的写作模板

二、收集相关资料

（一）收集真丝绢花产品以及生产商的一般交易条件相关资料

从网上查找真丝绢花产品以及生产商的一般交易条件相关资料，为撰写商函提供支撑。

（二）收集类似商函参考模板

从网上收集类似的商函参考模板，作为撰写本商函的参考资料。**注意！** 要收集各种类型的商函模板，包括国际商函模板，以拓宽商函写作思路。

✎ 任务筹划

一、确定商函的标题和开头语

结合"任务导入"的描述，确定商函的标题和开头语，具体内容如下。

标题：关于真丝绢花产品交易条款的函。

开头语：4 月 28 日来函收悉。从来函获悉贵方对我公司生产的真丝绢花产品感兴趣，并希望了解该商品的有关情况及我公司的产品交易条款。现将我公司销售绢花的交易条款介绍如下。

二、确定真丝绢花产品介绍和交易条件的具体内容

根据"任务导入"的描述，并查找相关资料，确定真丝绢花产品介绍和交易条件的 6 个方面具体内容。

1．产品规格

真丝绢花以绫、绸、绢、缎等高级丝绸为原料，品种有月季、寒冬梅、杜鹃、凤尾兰等千余种，式样有瓶插花、盆景、花篮等。质地轻盈，不褪色、耐温耐压。具体规格请参阅全套彩色样本（见附件说明）。

2．包装

我司生产的真丝绢花产品为纸箱装。大花每箱装 20 盒，每盒装 12 枝；小花每箱装 30 盒，每盒 20 枝。纸箱外套有防水蜡纸，外捆塑料打包带。每箱尺寸为长 70 厘米，宽 60 厘米，高 50 厘米，每箱毛重 45 千克，净重 43.5 千克。

3．数量

为便于装运，我方有权多发或少发 5% 的货物，其多发、少发部分按合同价格结算。

4．付款

买方确认订货后，应先预付 20% 的货款。确认收货后，在 7 个工作日内付完全款。确认订货和确认收货的日期，以合同约定为准。

5. 索赔

如果买方对货物质量提出索赔，必须在收货后 30 天内提出。货物质地、重量、尺寸、花型、颜色均允许有合理差异，对在合理差异范围内提出的索赔，我方不予受理。

6. 仲裁

对于合同履行过程中发生的争议和纠纷，双方应通过友好协商解决，如协商不能解决，应提交××××仲裁委员会进行仲裁，仲裁裁决对双方均有约束力。

三、确定商函的结尾

参考商函模板，确定本商函的结尾内容，具体如下。

上述交易条款已为我公司的全部客户所接受，相信这些条款也将为贵公司所接受。如果有任何疑问，请来函向我们提出。

期待与贵公司合作愉快！

附件说明：真丝绢花产品全套彩色样本

◆ 任务实施

一、撰写版头

本商函的版头撰写，如图 4-16 所示。

乙公司（全称）

函〔2022〕35 号

图 4-16　商函的版头

二、撰写主体

本商函的主体包括**标题、收函单位、正文、结尾和落款**。如图 4-17 所示。

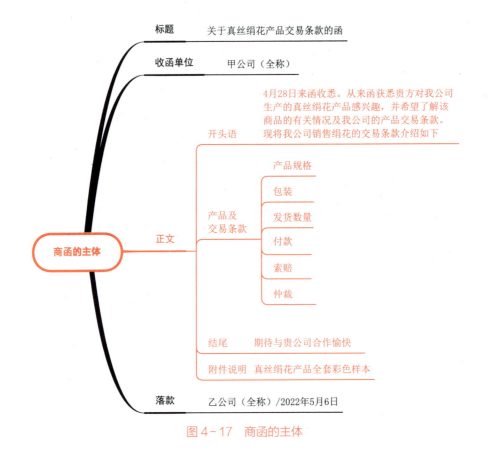

图 4-17　商函的主体

🏃 任务演练

请在下面空白处，填写相关内容。（注：页面不够可加插页）

扫一扫 看一看

版头	发文机关标志	
	公函编号	
主体	标题	
	收函单位	

主体	正文	开头语		
		产品及交易条件	1	
			2	
			3	
			4	
			5	
		结束语		
		附件说明		
	落款			

关于平板玻璃成套设备价格与付款方式的函

扫一扫 看一看

点评

这是一份典型的商函。它是某公司发给客户的一封关于价格和付款方式的复函。

商函的开头，直截了当地说明来函收悉，对客户的认可表示欣慰，以"现将有关价格和付款方式的问题答复如下"引出下文。

紧接着，简明扼要地提出了价格和付款方式的回复意见，干脆利落，一目了然。

最后，希望客户对以上意见予以研究考虑，如无不同意见，请寄来订单并签订合约。

📝 任务检测

使用微信小程序扫码进入在线测试，可反复多次答题，以巩固学习成果。

扫一扫 看一看

✅ 任务评价

任务评价表

小组编号： 姓　名：

任务名称						
评价方面	任务评价内容	分值	自我评价	小组评价	教师评价	得分
理论知识	1.了解商函的定义、特点和类型	10				
	2.了解商函的结构和写法	15				
	3.了解商函和公函的区别、商函的写作要求	10				
实操技能	1.收集商函的资料	15				
	2.学会撰写商函的版头	15				
	3.学会撰写商函的主体	25				
思政素养	1.具备商务沟通的亲和力	5				
	2.善于处理各种商业纠纷问题	5				
总分						

⬛ 项目综合实训

一、实训任务

2022 年 5 月 11 日，人民教育出版社给各经销商发出了一封告知函。告知函的有关内容如下。

2021 年 1 月以来，人民教育出版社针对"课堂笔记"类教辅图书侵犯人教版教科书著作权问题，持续开展专项维权工作，并取得了阶段性成果。

近期，人民教育出版社发现市场上出现数个新品种的侵权教辅图书，多以《××状元笔记》《×课堂笔记》等命名。这些教辅图书使用人教版教科书的章节体例，大量复制人教版教科书的内容，并通过信息网络传播人教版教科书的电子资源，严重侵害了人民教育出版社对人教版教科书依法享有的著作权及相关权利。

人民教育出版社已完成对上述部分侵权图书的证据固定及起诉工作，其中部分案件已由北京市海淀区人民法院正式立案。后续人民教育出版社将视情况，继续采取民事诉讼、行政举报等方式维权，对于已构成侵犯知识产权犯罪的行为举报至公安机关进行刑事追究。

人民教育出版提醒各经销商，如果准备销售，或正在销售相关侵权图书，请立即停止，以免因销售相关侵权图书被民事诉讼、行政查处或刑事追究，导致名誉和经济方面不可挽回的损失。

请以人民教育出版社的名义，撰写一封致经销商的告知函。标题自拟，内容自编。

二、实训指南

（一）任务准备

（1）复习公函的撰写规范。

（2）认真阅读实训任务中提供的材料，整理告知函的相关内容，设计告知函的层次结构。

（二）任务筹划

（1）确定告知函的版头。

（2）确定告知函的主体，包括标题、主送机关、正文、落款。

（三）任务实施

（1）撰写告知函的版头。

（2）撰写告知函的主体。

（四）任务成果

由团队汇报展示撰写的告知函。

（五）任务评价

对各团队撰写的告知函进行评比打分，记入实训成绩记录表。

项目总结

使用微信小程序扫码查看项目总结思维导图，巩固本项目的知识点和公函、商函写作实操要点。

扫一扫 看一看

项目五

撰写计划类公文

项目导读

　　计划类公文是指党政机关、企事业单位、社会团体和个人在处理公务、办理事务以及日常学习、工作和生活中，为完成某项任务，预先拟定目标、措施、步骤、要求及完成期限并加以书面化或表格化的事务性公文。主要包括规划、工作计划、工作要点、工作设想、工作安排、实施方案等。本项目通过行动导向"六步法"操作流程，重点掌握工作计划和工作要点的相关知识，掌握工作计划和工作要点的写作方法，具备撰写工作计划和工作要点的基本技能。

学习目标

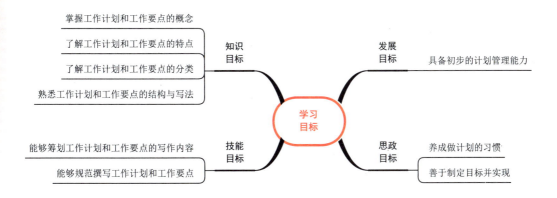

知识目标		发展目标
掌握工作计划和工作要点的概念		具备初步的计划管理能力
了解工作计划和工作要点的特点		
了解工作计划和工作要点的分类		
熟悉工作计划和工作要点的结构与写法		

学习目标

技能目标		思政目标
能够筹划工作计划和工作要点的写作内容		养成做计划的习惯
能够规范撰写工作计划和工作要点		善于制定目标并实现

任务一　撰写工作计划

⊘ 任务导入

　　安全生产是企业管理的重点，是企业发展的根本保证。对员工进行安全教育培训，是让员工了解和掌握安全法律法规，提高员工安全技术素质，增强员工安全意识的主要途径，是保证安全生产、做好安全工作的基础。

　　为了做好员工安全生产培训工作，××公司拟制订 2022 年安全生产培训计划。该计划的内容包括：培训背景、培训目标、培训对象、培训时间、培训方式、培训内容、培训考核、培训要求等。

　　结合上述材料，并从网上搜集相关培训计划的参考资料，为××公司起草 2022 年安全生产培训计划。

📖 任务准备

一、工作计划的撰写规范

（一）工作计划的定义

　　工作计划是对未来一段时间的工作或即将开展的某项活动所做的部署或安排，并以书面形式表达的一种事务性文书。

　　古语有云：凡事预则立，不预则废。也就是说，凡事只有事先做好计划，才能确保成功。大至一个国家，小到一个单位或个人，都离不开计划。制订严谨、务实、可行的工作计划，就需要明确的指导思想、目标和要求，计划有助于增强工作的自觉性，避免盲目。因此，我们要养成做工作计划的良好习惯。

（二）工作计划的内容

　　工作计划的内容可以概括为"5 W 2 H"，分别是"Why"（目的）、"What"（目标任务）、"When"（进度）、"Where"（地点）、"Who"（责任人）、"How to Do"（方法）、"How much"（投

入)。如图 5-1 所示。

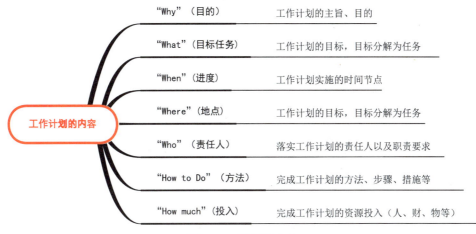

图 5-1　计划的内容

（三）工作计划的特点

工作计划具有**预见性、目的性、可行性、约束性和可变性** 5 个特点，具体内容如图 5-2 所示。

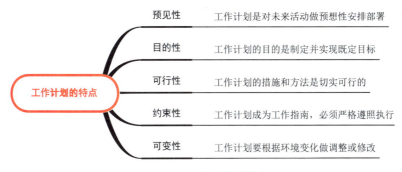

图 5-2　工作计划的特点

人们常说"计划赶不上变化"。为了保证工作计划的严肃性和有效性，在制订工作计划时，既要强调计划的约束性，又要保持计划的可变性。事先考虑周全，留有余地，同时还要根据环境条件的变化进行适当调整或修改，使工作计划"赶得上变化"。

（四）工作计划的类型

按照不同的标准，工作计划可划分为多种类型，如图 5-3 所示。

扫一扫 看一看

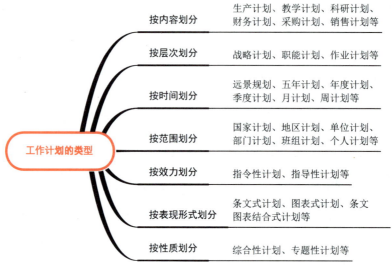

图 5-3 工作计划的类型

（五）工作计划的结构与写法

工作计划的结构一般包括**标题、正文和落款** 3 个部分。具体结构与写法如图 5-4 所示。

（六）工作计划的写作模板

工作计划的写作模板如图 5-5 所示。

二、收集相关资料

在撰写工作计划之前，需要收集以下 3 个方面的资料。

（一）各级政府和本公司关于安全生产的政策性文件及规章制度

各级政府颁布了很多关于企业安全生产的政策文件，每个企业也都会结合实际情况制定安全生产规章制度。撰写决定之前，要收集各级政府下发的文件，以及本公司的安全生产规章制度，作为撰写计划的政策性依据。

　　安全生产关乎员工的生命安全，关乎企业的生存与发展，关乎社会稳定和经济健康可持续发展，因此，必须高度重视安全生产，严格遵守安全生产法规和企业安全生产规章制度。

（二）企业安全生产培训的相关资料

安全生产培训有着规范的培训内容和培训方法，培训行业已经形成完善的培训体系。在撰写计划之前，要收集和深入了解企业安全生产培训的相关内容、培训方式、培训组织与考核等，作为本计划的重要参照。

（三）撰写计划的其他相关参考资料

撰写本培训计划，还应从网上收集安全生产培训的类似计划，作为撰写本计划的参考资料。

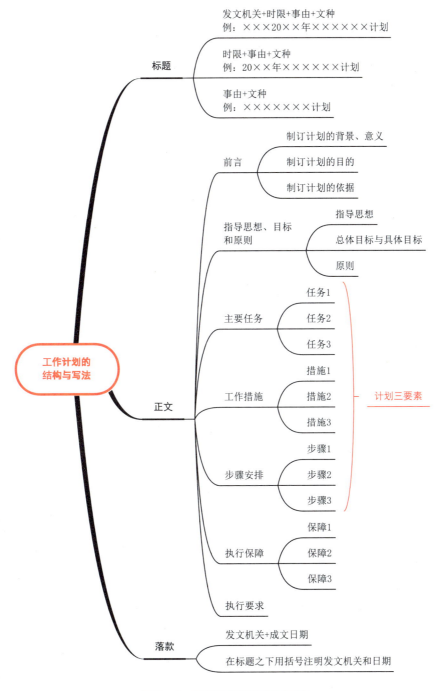

图 5-4　工作计划的结构与写法

框图模式	文字模板
标题	××公司××××年×××工作计划
前言	×××××××××××××××，×××××××××××××××××××。为此，特制订本计划（前言：背景、意义、目的、依据）。
指导思想、目标和原则	一、指导思想、目标和原则 ×××××的指导思想是：××××××××××××××××××××××××××××××××××××。 ×××××的总体目标是：×××××××××××××××××××××××××××××××××××××。 ×××××的具体目标是：×××××××××××××××××××××××××××××××××××××。 ×××××遵循以下基本原则： ——××××××××××××××××××××××××。 ——××××××××××××××××××××××××。 ——××××××××××××××××××××××××。 ——××××××××××××××××××××××××。
主要任务	二、主要任务 1．×××。××××××××××××××××××。（任务一） 2．×××。××××××××××××××××××。（任务二） 3．×××。××××××××××××××××××。（任务三）
工作措施	三、工作措施 1．×××。××××××××××××××××××。（措施一） 2．×××。××××××××××××××××××。（措施二） 3．×××。××××××××××××××××××。（措施三）
步骤安排	四、步骤安排 1．×××。××××××××××××××××××。（步骤一） 2．×××。××××××××××××××××××。（步骤二） 3．×××。××××××××××××××××××。（步骤三）
执行保障	五、组织领导／保障 1．×××。××××××××××××××××××。（保障一） 2．×××。××××××××××××××××××。（保障二） 3．×××。××××××××××××××××××。（保障三）
执行要求	各部门和全体员工必须×××××××××××××××××××。
落款	××××××× 20××年××月××日

图5-5 工作计划的写作模板

✎ 任务筹划

一、确定培训计划的前言

结合"任务导入"的描述，查找相关资料，可以确定培训计划的前言，具体内容如下。

为了进一步加强公司安全生产管理工作，增强全员工安全生产意识和法制观念，实现安全生产、文明生产，提高员工安全操作技能，促进公司安全生产基层基础建设、安全生产标准化建设和企业安全文化建设，保障安全生产工作有序开展，依据《中华人民共和国安全生产法》、国家安全生产监督管理总局《生产经营单位安全培训规定》《关于进一步加强企业安全生产工作的通知》等安全生产法律、法规，结合公司实际，特制订本计划。

二、确定培训计划的目标

根据"任务导入"的描述，查找相关资料，确定培训计划中的"培训目标"，具体内容如下。

通过培训，公司各部门主管和安全生产管理人员熟练掌握国家安全生产法律法规和标准规范，具备与所从事的生产经营活动相适应的安全生产知识和管理能力；从业人员熟悉国家安全生产法律法规、公司有关安全生产规章制度和安全操作规程，掌握本岗位安全生产知识和安全操作技能，增强预防事故、控制职业危害和应急处理的能力，夯实公司安全生产教育基础，确保公司全年安全生产无事故。

三、确定培训计划的主要任务和措施

根据"任务导入"的描述，确定培训计划中的主要任务和措施，包括培训对象、培训时间、培训方式和培训内容，具体内容如下。

培训对象：各部门主管和安全生产管理人员；公司在岗员工；新聘用从业人员。

培训时间：2022年1月1日—12月31日（每周五下午16：00—18：00，共96课时）。

培训方式：（1）自主培训。自主进行培训需求分析，开发培训课程，组织讲师，利用自身有限条件组织培训，并对培训效果进行评估，根据评估情况，调整和改进培训工作。培训方式包括各种形式的培训班、讲座和报告会等。（2）合作培训。公司与高校、培训机构联系合作，共同分析培训需求，合作开发培训课程，并以高校、培训机构师资为主开展培训，由公司对培训效果进行评估。（3）外包培训。公司分析培训需求，提出培训目标，由高校、培训机构开发培训课程，组织师资实行培训，公司对培训效果进行评估。

培训内容：（1）部门主管和安全生产管理人员培训的主要内容：国家安全生产方针、政策和有关安全生产的法律、法规、规章及标准；安全生产管理基本知识、安全生产技术、安全生产专业知识；重大危险源管理、重大事故防范、应急管理和救援组织以及事故调查处理的有关规定；职业危害及其预防措施；国内外先进的安全生产管理经验；典型事故和

应急救援案例分析；其他需要培训的内容。（2）从业人员安全培训的主要内容：安全生产法律、法规、企业安全管理规章制度和劳动纪律；本公司安全生产情况、安全生产基本知识，事故案例警示、应急处置；岗位安全职责、操作技能及强制性标准；职业卫生和劳动保护知识，自救互救、急救方法、疏散和现场紧急情况的处理；安全设备设施、个人防护用品的使用和维护；其他需要培训的内容。

四、确定培训计划的执行要求

根据"任务导入"的描述，确定培训计划中的执行要求，具体内容如下。

1. 所有学员必须严格遵守各项培训制度，积极配合完成各项培训。

2. 所有学员应利用业余时间积极学习，并将所学知识和技能应用到实践中去。

3. 考试是督促学员自学的好方法，也是检查对所学掌握程度的重要方法之一，人力资源部应定期组织培训考试，将考试成绩作为绩效考核的重要内容。

4. 所有学员应及时将培训中遇到的问题以及自己在工作中的想法、意见、建议积极地向人力资源部反馈，以利于培训工作的改进。

◇ 任务实施

一、拟订培训计划的标题

××公司2022年安全生产培训计划

二、撰写培训计划的正文

本培训计划的正文包括**前言、培训目标、培训对象、培训时间、培训方式、培训内容和培训要求**。

扫一扫 看一看

♣ 任务演练

请在下面空白处，填写相关内容。（注：页面不够可加插页）

扫一扫 看一看

标题		
正文	前言	
	培训目标	
	培训对象	
	培训时间	
	培训方式	
	培训内容	
	培训要求	
落款		

 经 典 示 范

××县返乡大学生团委"青春志愿行 筑梦新时代"
志愿服务工作计划

扫一扫 看一看

点评

这是一篇简单的专项工作计划。

前言部分，用十分简练的一个自然段，说明了本规划的背景和目的。

计划的第一部分是"指导思想"，即：深入贯彻落实习近平总书记在庆祝中国共产主义青年团成立100周年大会上的重要讲话精神，以社会主义核心价值观为导向，以"服务社

会,传播文明"为宗旨,以提升城市文明指数为目标,大力弘扬中华民族助人为乐、扶贫济困的传统美德,倡导"奉献、友爱、互助、进步"的时代精神,努力营造"团结、关爱、平等、和谐"的社会氛围,以实际行动"解民忧、纾民困、暖民心"。

计划的第二部分是"活动目的",即:为广大返乡大学生提供参与社会志愿服务的渠道,丰富大学生的假期生活,锤炼良好的社会公德意识,鼓励和动员更多的社会有志青年积极融入到建设家乡美好未来的事业中来,为推动我县科学发展、和谐发展、跨越发展贡献青春、智慧和力量。

计划的第三部分和第四部分是"活动主题"和"活动时间"。

计划的第五部分是"活动内容",简要介绍了5项活动。

计划的第六部分是"工作要求",包括3个方面:统一思想、精心组织和营造氛围。

总之,这个计划简单明了,条理清晰,逻辑严谨,具有一定的参考借鉴价值。

任务检测

使用微信小程序扫码进入在线测试,可反复多次答题,以巩固学习成果。

扫一扫 看一看

✅ 任务评价

任务评价表

小组编号： 姓 名：

任务名称						
评价方面	任务评价内容	分值	自我评价	小组评价	教师评价	得分
理论知识	1.了解工作计划的定义、特点和类型	10				
	2.了解工作计划的内容	10				
	3.掌握工作计划的写作规范	15				
实操技能	1.收集撰写工作计划的资料	10				
	2.确定工作计划的标题	5				
	3.学习撰写工作计划的正文	35				
	4.确定工作计划的落款	5				
思政素养	1.能从全局上筹划相关事项或行动并计划具体安排	5				
	2.培养缜密细致的思维能力	5				
总分						

任务二　撰写工作要点

✓ 任务导入

按照惯例，大学一般会在每年2—3月制定本年度的教学工作要点，部署年度重点教学工作。

××××大学教务处在充分调研和论证的基础上，确定了2022年8个方面28项重点教学工作：一是推动课程思政高质量建设，包括开展思政课教学改革、提高课程思政建设质量、开展课程思政集体备课活动；二是提升本科专业建设水平，包括深入推进一流专业建设、深化校际专业协同、开展专业认证；三是提升数字化教学能力，包括深入推进一流课程建设、加快课程线上资源建设、提升数字化应用能力；四是培养新型文科人才，包括制定新文科建设实施办法、试点跨专业协同育人、建设新文科教学团队、召开新文科建设推进会；五是培养新型工程技术人才，包括制定新工科建设实施办法、改造提升传统工科专业、开展新工科课程建设、探索建设现代产业学院、召开新工科建设推进会；六是修订本科人才培养方案，包括启动公共课改革、启动2023版本科人才培养方案修订；七是培养德智体美劳全面发展应用型人才，包括深入推进"三全育人"、深入推进"五育并举"；八是完善教学质量监控体系，包括完成合格评估整改、完善督导体制机制、完善质量监控体制机制。针对上述重点教学工作，拟发布《××××大学2022年教学工作要点》。

请从网上收集大学教学改革和教学工作的相关资料，以该学校教务处的名义撰写2022年教学工作要点。

📖 任务准备

一、工作要点的撰写规范

（一）工作要点的定义

工作要点是针对未来一个时期重点工作的**简明扼要安排**，多用于上级机关对下属单位布置工作和交待任务。

（二）工作要点的特点

工作要点具有**概括性、条理性、灵活性和指导性**4个特点，如图5-6所示。

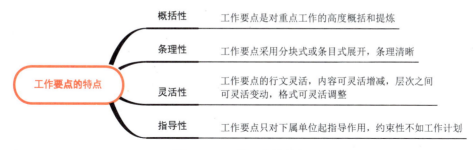

图5-6 工作要点的特点

工作要点特别强调抓重点工作，要求对重点工作的安排部署做高度概括，因此，在撰写工作要点时，要善于聚焦单位的重点工作，同时简明扼要地提出每项重点工作的关键措施。

（三）工作要点的结构与写法

工作要点一般由**标题、正文和落款**3个部分组成，如图5-7所示。

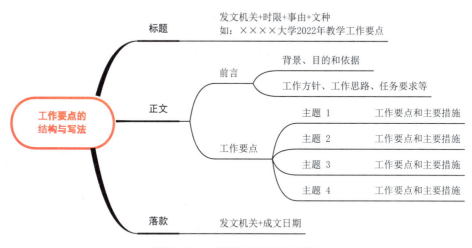

图5-7 工作要点的结构与写法

（四）工作要点与工作计划的区别

工作要点和工作计划都属于计划类公文，但二者有着明显的区别，如图5-8所示。

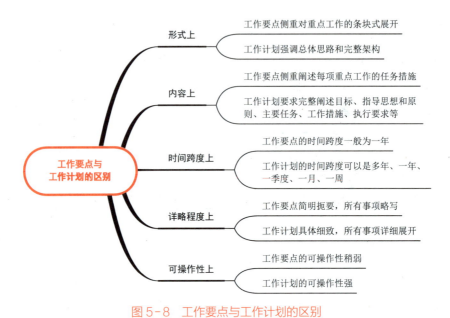

图5-8　工作要点与工作计划的区别

（五）工作要点的写作注意事项

工作要点的写作注意事项如图5-9所示。

扫一扫 看一看

图5-9　工作要点的写作注意事项

二、收集相关资料

（一）收集大学教学工作领域的相关参考资料

撰写大学的教学工作要点，要收集并了解大学教学工作的相关内容，如教学改革、专业建设、人才培养、教学督导等方面的参考资料，为撰写教学工作要点提供材料支撑。

（二）收集 ×××× 大学 2021 年教学工作要点

工作要点一般具有连续性。在撰写 2022 年教学工作要点时，可参考 2021 年的教学工作要点，从而确定 2022 年的重点教学工作。

（三）收集学校 2021 年教学工作总结等相关资料

工作要点一般是在上一年度工作总结的基础上制定的，需要依据上一年度工作总结中的下一年度"工作打算"、"工作设想"或"工作计划"等，制定本年度工作要点，因此，在撰写 2022 年教学工作要点时，收集上一年度工作总结及相关资料。

✎ 任务筹划

一、确定教学工作要点的前言

结合"任务导入"的描述，确定教学工作要点的前言，具体内容如下。

2022 年，学校教学工作要紧抓新时代高等教育改革发展的机遇，坚持高质量发展的主题主线，以新工科、新文科建设为统领，以一流专业、一流课程建设为抓手，以培养卓越应用型人才为目标，改革应用型人才培养模式，重构应用型人才培养框架，优化应用型人才培养课程结构，强化应用型人才培养实践环节，着力构建具有本校特色的应用型人才培养体系，实现应用型人才培养高质量发展。

二、确定工作要点的具体内容

根据"任务导入"的描述，经查找相关资料，确定 ×××× 大学 2022 年教学工作要点的 8 个方面重点教学工作，具体内容如下。

一、推动课程思政高质量建设

1.开展思政课教学改革。××××××××××××××××××××××××××××。

2.提高课程思政建设质量。×××××××××××××××××××××××××××。

3.开展课程思政集体备课活动。××××××××××××××××××××××××。

……

二、提升本科专业建设水平

7.深入推进一流专业建设。××××××××××××××××××××××××××。

8.深化校际专业协同。××××××××××××××××××××××××××××。

9.开展专业认证。×××××××××××××××××××××××××××××。

……

八、完善教学质量监控体系

26.完成合格评估整改。×××××××××××××××××××××××××××。

27.完善督导体制机制。××××××××××××××××××××××××××。

28.完善质量监控体制机制。××××××××××××××××××××××××××。

◇ **任务实施**

一、撰写前言

根据"任务筹划"的相关内容，撰写前言。

二、撰写工作要点的具体内容

根据"任务筹划"的相关内容，并参考大学教学工作的相关资料，撰写工作要点的具体内容。

扫一扫 看一看

◆ **任务演练**

请在下面空白处，填写相关内容。（注：页面不够可加插页）

扫一扫 看一看

	标题	
正文	前言	
	一、	
	二、	
	三、	

正文	四、	
	五、	
	六、	
	七、	
	八、	
落款		

教育部高等教育司 2022 年工作要点

扫一扫 看一看

点评

这是一份写作质量高的年度工作要点，是教育部高等教育司对 2022 年重点工作的总体部署，并以公函的方式下发各省、自治区和直辖市教育厅，以及各高等院校执行。

工作要点的前言部分，简明扼要地介绍了工作要点的指导思想、工作思路、工作重点和工作目标。内容高度概括。

紧接着，从 10 个方面提出了 2022 年的重点工作及主要任务措施。第一个方面是"实施新时代高等教育育人质量工程"，围绕"育人"和"人才培养质量"，部署了研制《关于实施新时代高等教育育人质量工程的意见》、深化高校课程思政建设、推动高等教育课程体系和教学内容改革、启动"十四五"普通高等教育本科国家级规划教材建设 4 项重点工

作。第二个方面是"实施卓越拔尖人才培养计划"，部署了深入实施"六卓越一拔尖"计划 2.0、加强紧缺人才培养两项重点工作。第三个方面是"深化新工科、新医科、新农科、新文科建设"，部署了召开学习贯彻习近平总书记考察清华大学时的重要讲话精神一周年座谈会、深化新工科建设、深化新医科建设、深化新农科建设、深化新文科建设 5 项重点工作。第四个方面是"全面推进高等教育教学数字化"，部署了加快完善高等教育教学数字化体系、提升数字化应用能力、提升数字化治理能力、提升数字化国际影响力 4 项重点工作。第五个方面是"建设服务构建新发展格局的学科专业体系"，部署了推进落实专业设置调整优化改革方案、推出第三批一流专业建设点、启动实施专业三级认证 3 项重点工作。第六个方面是"深化高校创新创业教育改革"，部署了举办第八届中国国际"互联网＋"大学生创新创业大赛、办好"青年红色筑梦之旅"活动、推进创新创业教育改革示范行动 3 项重点工作。第七个方面是"实施新时代振兴中西部高等教育攻坚行动"，部署了召开新时代振兴中西部高等教育工作推进会、推动区域高等教育战略布局优化调整、加强东中西部高校协作 3 项重点工作。第八个方面是"推进直属高校高质量发展"，部署了召开直属高校工作咨询委员会第三十一次全体会议、指导直属高校不断提升规划执行能力、高质量推进高校共建工作 3 项重点工作。第九个方面是"完善部省校协同联动工作机制"，部署了组织开展 2022 年高等教育国家级教学成果奖评选、召开 2022 年高教处长会、启动教育部高等学校教学指导委员会换届工作、提升高校教学管理和创新能力 4 项重点工作。第十个方面是"推动党建与业务两融合两促进"，部署了拓展党史学习教育成果、推动全面从严治党向纵深发展、扎实做好巡视"后半篇"文章、推动高等教育服务乡村振兴 4 项重点工作。

从上述内容可以看出，工作要点结构简单，正文只有前言和重点工作的具体内容。其中重点工作部分内容又可分为不同的子工作，具体说明子工作的主要任务和工作措施。

✍ 任务检测

使用微信小程序扫码进入在线测试，可反复多次答题，以巩固学习成果。

扫一扫 看一看

✅ 任务评价

任务评价表

小组编号：　　　　　　　　　　　　　　姓　名：

任务名称						
评价方面	任务评价内容	分值	自我评价	小组评价	教师评价	得分
理论知识	1.了解工作要点的定义、特点	10				
	2.了解工作要点的结构和写法	15				
	3.了解工作要点和工作计划的区别	10				
实操技能	1.收集筹划撰写工作要点的资料	10				
	2.学会撰写工作要点的前言	10				
	3.学会撰写工作要点的具体内容	35				
思政素养	1.具有统筹全局的思维能力	5				
	2.提升计划管理能力	5				
总分						

📖 项目综合实训

一、实训任务

将本项目中的"××××大学 2022 年教学工作要点"，改写成为"××××大学 2022 年教学工作计划"。

二、实训指南

（一）任务准备

（1）重温工作计划写作的相关内容。

（2）按照工作计划的结构和写法，调整教学工作要点的相关内容，转化为教学工作计划的内容。

（二）任务筹划

（1）确定教学工作计划的前言。

（2）确定教学工作计划的指导思想、目标和原则。

（3）确定教学工作计划的主要任务和工作措施。

（4）确定教学工作计划的步骤安排。

（5）确定教学工作计划的执行保障和执行要求。

（三）任务实施

（1）撰写教学工作计划的前言。

（2）撰写教学工作计划的指导思想、目标（总目标及具体目标）和原则。

（3）撰写教学工作计划的主要任务。

（4）撰写教学工作计划的工作措施。

（5）撰写教学工作计划的步骤安排。

（6）撰写教学工作计划的执行保障和执行要求。

（四）任务成果

由团队汇报展示撰写的教学工作计划。

（五）任务评价

对各团队撰写的教学工作计划进行评比打分，记入实训成绩记录表。

项目总结

使用微信小程序扫码查看项目总结思维导图，巩固本项目的知识点和工作计划、工作要点写作实操要点。

扫一扫 看一看

撰写总结类公文

项目导读

　　总结类公文是个人或单位对以往某项工作或某一阶段工作的回顾、分析和评价，并以书面报告的形式向上级报告或向下级传达的事务性公文，主要包括**工作总结和述职报告**。本项目从撰写工作总结和述职报告入手，通过行动导向"六步法"操作流程，**了解总结类公文的相关知识，掌握总结类公文的写作方法、体例要求和注意事项，具备撰写工作总结和述职报告的基本技能。**

@ 学习目标

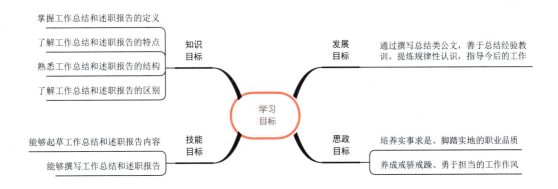

掌握工作总结和述职报告的定义
了解工作总结和述职报告的特点
熟悉工作总结和述职报告的结构
了解工作总结和述职报告的区别
——**知识目标**

发展目标——通过撰写总结类公文，善于总结经验教训，提炼规律性认识，指导今后的工作

学习目标

能够起草工作总结和述职报告内容
能够撰写工作总结和述职报告
——**技能目标**

思政目标——培养实事求是、脚踏实地的职业品质
养成戒骄戒躁、勇于担当的工作作风

任务一　撰写工作总结

任务导入

2022年2月18日，××市（县级）召开了全市2022年度创建全国文明城市动员会，并在会上发布了《××市2022年创建全国文明城市工作实施方案》。

2022年10月25日，××市精神文明建设指导委员会办公室（简称市文明办）给各乡镇（街道）下发通知，要求各单位报送创建全国文明城市工作（简称创城工作）阶段性总结。具体要求如下：

一、各单位要严格按照《××市2022年创建全国文明城市工作实施方案》文件要求，认真梳理本单位在创城工作中的攻坚重点及完成情况。

二、各单位对阶段性工作进行全面总结，主要包括各单位在创城工作中的主要做法、工作成绩、经验体会、存在的问题，以及下一步工作打算。

三、总结材料要简明扼要，重点突出，全面客观，事实准确。

请根据上述材料，以××街道的名义撰写一份创城工作总结。

任务准备

一、工作总结的撰写规范

（一）工作总结的定义

工作总结（又称总结报告）是单位或个人**对以往某项工作或某一阶段工作的回顾、分析和评价，旨在找出经验教训并上升到理论高度，得出符合事物发展规律的认识，作为今后工作的借鉴**的事务性公文。具体描述如图6-1所示。

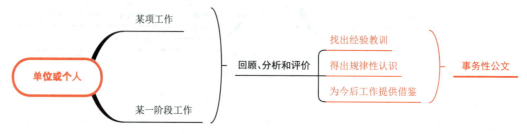

图6-1　工作总结的定义

（二）工作总结的特点

工作总结具有**客观性、过程性、群众性、理论性、经验性**5个特点，如图6-2所示。

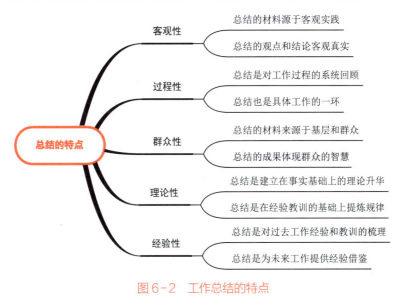

图6-2 工作总结的特点

思政导学

撰写工作总结是各级干部、职员的一项经常性工作，也是履行职能的重要体现，一定要留心观察，勤于积累各种资料，探索工作规律，还要具备严谨扎实、求真务实的工作作风，不搭花架子、不做表面文章。

（三）工作总结的类型

总结可以按照不同的标准进行分类。**按照内容分，**有生产总结、研发总结、营销总结等。**按照范围分，**有行业总结、单位总结、部门总结、个人总结等。**按照时间分，**有年度总结、半年总结、季度总结、月度总结等。总结的类型如图6-3所示。

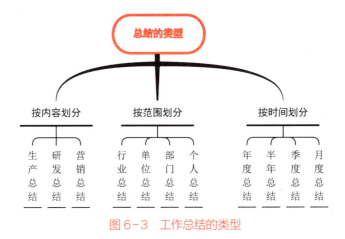

图6-3 工作总结的类型

（四）工作总结的结构与写法

工作总结一般由**标题、正文、落款**组成，如图6-4所示。

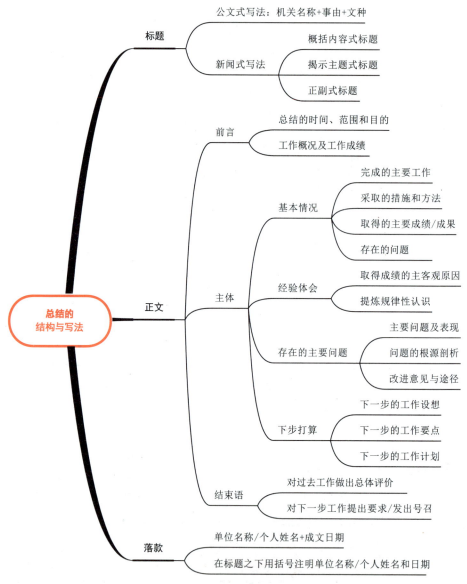

图6-4 工作总结的结构与写法

1.标题的写法

工作总结的标题可以采用公文式和新闻式两类写法。

（1）公文式写法：机关名称＋事由＋文种。如《中共××市委机要局关于开展"三严三实"专题教育工作的总结》。

（2）新闻式写法：概括内容式标题、揭示主题式标题、正副式标题。

①概括内容式标题：××省干部选任制度改革的一次成功尝试。

②揭示主题式标题。

③正副式标题：企业围绕市场转产品随着效益变——××公司开展"转、抓、练、增"活动纪实。

2.正文的写法

（1）**前言**。要开宗明义，用简洁的语言，概括介绍总结的时间、范围和目的，工作概况及工作成绩。

（2）**主体**。一般包括 4 方面的内容。

第一，基本情况。即在特定阶段做了哪些工作、采取了哪些措施和方法、取得哪些成绩、存在哪些问题，要如实叙述。

第二，经验体会。分析取得成绩的主客观原因，提炼出规律性的认识。

第三，存在的主要问题。找出失误和教训，分析其产生原因，提出改进意见与途径。

第四，下步工作打算。下一步工作设想、工作要点、工作计划等。

（3）**结束语**。可以对通篇内容进行简要归纳、与开头相互呼应，也可以提出一个新的奋斗目标、鼓舞士气、激励大家为之努力奋斗，还可以强调先进经验的推广价值，等等。

3.落款的写法

在正文之后标明写作单位名称，也可以在标题之下注明。

4.成文日期

撰写工作总结时，首先要有实事求是的态度，要一分为二地分析、评价，对成绩不要夸大，对问题不要轻描淡写；其次要有理论价值，抓住主要矛盾，对主要矛盾进行深入细致的分析，分析成绩和问题的原因，由感性认识上升到理性认识；最后总结要用第一人称，即从本单位、本人的角度来撰写，表达方式以叙述和议论为主，说明为辅。

（五）工作总结的写作注意事项

工作总结的写作注意事项如图 6-5 所示。

扫一扫 看一看

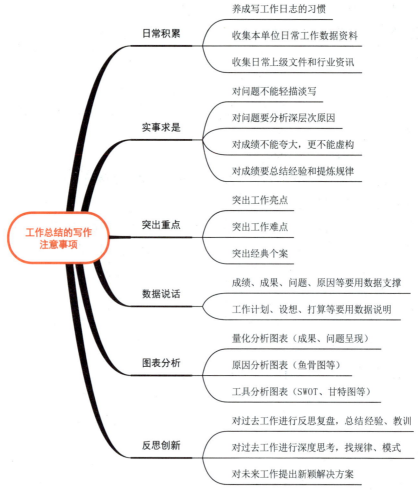

图6-5 工作总结的写作注意事项

（六）工作总结的写作模板

工作总结的写作模板如图6-6所示。

框图模式	文字模板
标题	×× 公司 ×××× 年 ××× 总结
前言	×××××××××，取得了×××××。（前言：总结的时间、范围和目的，工作概况及工作成绩）。
基本情况	一、基本情况 （一）完成了××××××××××××。（基本情况一） ×××××××××××××××××××××××××××。 （二）完成了×××××××××××。（基本情况二） ×××××××××××××××××××××××××××。 （三）完成了××××××××××。（基本情况三） ×××××××××××××××××××××××××××。

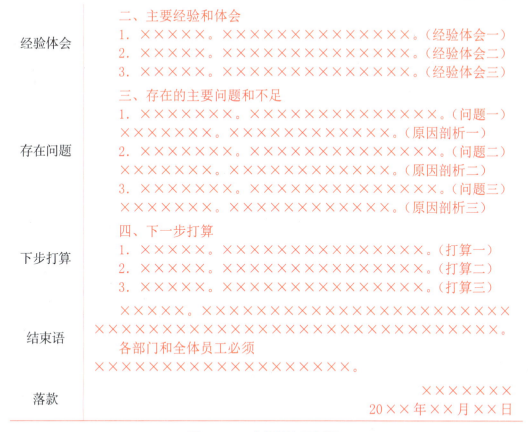

经验体会	二、主要经验和体会 1. ×××××。××××××××××××××。（经验体会一） 2. ×××××。××××××××××××××。（经验体会二） 3. ×××××。××××××××××××××。（经验体会三）
存在问题	三、存在的主要问题和不足 1. ×××××××。××××××××××××××。（问题一） ×××××××。××××××××××××。（原因剖析一） 2. ×××××××。××××××××××××××。（问题二） ×××××××。××××××××××××。（原因剖析二） 3. ×××××××。××××××××××××××。（问题三） ×××××××。××××××××××××。（原因剖析三）
下步打算	四、下一步打算 1. ×××××。××××××××××××××。（打算一） 2. ×××××。××××××××××××××。（打算二） 3. ×××××。××××××××××××××。（打算三）
结束语	×××××。××××××××××××××××××××××××××××××××××。 各部门和全体员工必须 ××××××××××××××××××××。
落款	××××××× 20××年××月××日

图6-6 工作总结的写作模板

二、收集相关资料

在撰写工作总结之前，必须收集齐全与总结有关的文件资料，主要包括以下4个方面。

（一）收集创建全国文明城市的理论资料

党的十八大以来，全国文明城市创建工作在习近平新时代中国特色社会主义思想指引下，着力增进民生福祉、塑造城市人文魅力、提升城市治理效能，助力城市环境面貌和群众精神风貌不断改善、物质文明与精神文明协调发展，推动全国文明城市创建不断迈向高质量、谱写新篇章。

全国文明城市是评价城市整体文明水平的最高荣誉，也是精神文明创建的重要载体和有效手段。党的十八大以来，以习近平同志为核心的党中央高度重视精神文明创建与城市高质量发展，提出一系列新思想新观点新论断，推动全国文明城市创建迈向守正创新、提质增效新阶段。"抓精神文明建设要办实事、讲实效，紧紧围绕促进人民福祉来进行，坚决反对形式主义、官僚主义，努力满足人民群众不断增长的精神文化需求"。

撰写总结之前，需要详细了解全国文明城市建设与评选的相关理论和政策，作为撰写总结的理论依据。

（二）收集中央文明办关于全国文明城市的政策文件

2003年8月，中央文明委下发了《关于评选表彰全国文明城市、文明村镇、文明单位的暂行办法》，规定了全国文明城市、文明村镇、文明单位的评选标准，申报评选范围和程序。上述文件详细规定了文明城市评选的条件、标准、工作内容、工作步骤等，可作为撰写总结的内容依据。

（三）收集××市2022年创建全国文明城市工作实施方案

撰写的工作总结，必须紧紧围绕《××市2022年创建全国文明城市工作实施方案》展开，所以，撰写总结之前，必须吃透该方案的内容，如本总结的基本情况、经验体会、存在问题、下步打算等，都必须按照该方案的要求来写。

（四）本单位阶段性创城工作的相关资料

撰写工作总结之前，必须把本街道开展创城工作的各类资料收集齐全，作为总结的核心支撑材料。总结中的基本情况、经验体会、存在问题及下步打算等，都要有具体资料支撑。

✏️ 任务筹划

一、确定工作总结的前言

根据"任务导入"，查找创城工作的相关资料，确定工作总结的前言，具体内容如下。

××街道办事处在市委、市政府的正确领导下，紧紧围绕文明城市创建的总体目标，以市民综合素质良好、基础设施维护升级、环境整洁优美、宣传教育深入为主要内容，抓重点，出实招，重特色，不断将文明创建工作引向深入，力争通过一项项务实之举，使广大辖区居民切实感受到文明城市创建带来的变化和实惠。经过半年多的努力，街道创城工作取得了明显成效。

二、确定工作总结的"基本情况"

本总结是阶段性工作总结，以回顾以往创建全国文明城市工作为主要内容。根据《关于评选表彰全国文明城市、文明村镇、文明单位的暂行办法》《××市2022年创建全国文明城市工作实施方案》，确定总结中的"基本情况"，具体内容如下。

（一）率先垂范，鼓舞上下齐努力

街道党工委高度重视文明城市创建工作，坚持将此当成日常工作中的重要工作。党政主要领导亲自挂帅、靠前指挥、亲力亲为、率先垂范。

（二）倾力投入，软硬件提档升级

文明城市创建期间，街道办事处相继投入了 25 万余元进行基础设施建设为重点的软硬件系统提档升级，特别是 3 个迎检社区的建设改造，进一步更新完善街道社区"六室四站两栏一校一场地"的建设。

（三）浓郁氛围，多元宣传入人心

为使全处上下凝聚创建合力、会集创建智慧，街道办事处充分利用宣传资源，采取多元视角，努力形成人人知晓创建、人人支持创建、人人参与创建的浓厚氛围。

（四）立意深刻，群体活动有声色

街道办事处始终围绕文明城市创建的核心主题，结合我处实际情况，以构建社会主义核心价值体系为根本，创新活动载体，丰富活动形式，开展了以"素质提升""文化升级""精神升华"为目标的特色活动，大力推进了文明城市创建。

（五）治标治本，辖区环境换新颜

××街道办事处按照文明城市创建的测评要求，以"找准要点、抓好重点、攻克难点、创出亮点"的工作思路，以打造"绿化洁化城市街区"为目标，提高保洁水平，改善市容市貌，提升环境品位。

以上 5 个方面的基本情况，均详细展开论述。

三、确定工作总结的"主要经验"

根据上述 5 个方面的基本情况，可以提炼出街道在创城工作中的主要经验，具体内容如下。

（一）压实责任，凝聚创建合力

将创建全国文明城市作为街道核心工作，多次召开创建全国文明城市工作推进会，高位推进、高标准落实，把思想统一到创建全国文明城市工作上来，形成主要领导抓统筹、分管领导抓协调、分管部门抓推动、各村（居）具体抓落实的四级联动责任网，形成责任到人、层层落实的工作局面。

（二）严格对标，层层落实工作

认真梳理辖区创建全国文明城市问题清单，逐条逐项明确牵头领导、责任单位和整改时限，提出具体要求，确保快速解决问题，切实推动各项整改工作落实落地；同时，由街道宣传办定时不定时督查测评标准落实情况，发现问题及时整改，逐步形成一级抓一级、层层抓落实的工作格局。

（三）加强督导，强化整体成效

严格以创促建，以创促防，及时通报街道创建全国文明城市存在问题情况，做到及时检查、及时调度、及时整改。同时，加强背街小巷、农贸市场、公厕等重点区域的常态巡查，重点关注并整改公益广告、违规停车、违反交规等重要问题，以此强化创建全国文明城市成效。

（四）广泛发动，营造浓厚氛围

利用制作户外宣传展板、在电子显示屏上滚动播放宣传标语、微信公众号上推送宣传

文稿、社区发放"创文"手提袋、入户发送创城宣传倡议书等群众喜闻乐见的方式，全方位营造热烈的创建全国文明城市氛围，力争做到人人知晓、个个支持。

四、确定工作总结的"存在的主要问题"

根据上述5个方面的基本情况，可以提出街道在创城工作中存在的主要问题，具体内容如下：

××街道办事处在面对全国文明城市创建迎检工作时间紧、压力大、任务重的情况下，所有备检点圆满完成了预期的目标。但由于文明创建工作是一个与时俱进，不断创新的过程，使得我们在迎检的过程中也发现了我们自身存在的一些问题。如老居民小区的各项管理与文明创建工作要求的差距较大，治理力度不够到位，辖区居民还存在着一些与文明城市发展乐章不和谐的音符，等等。

总结中的"存在的主要问题"，一般笼统地集中在一起论述，不再分小标题详细展开。

五、确定工作总结的"下一步工作打算"

根据上述5个方面的基本情况，进一步提出街道在创城工作中的下步工作打算，具体内容如下。

（一）再宣传再发动，争取群众参与率的再提升

要继续加大创建文明城市的宣传力度，充分发挥各社区楼道组长、居民骨干户的作用，深入宣传，扩大影响，进一步提高居民群众、辖区单位、经营户对创建全国文明城市的参与率。要以网格化管理服务为抓手，继续组织入户情况的再排查，特别针对各小区内空关户、不支持户，要多次上门入户进行宣传、引导，争取居民的广泛支持，做到氛围不淡、组织不散、活动不停、工作不松、创建力度不减。

（二）再梳理再完善，确保迎检工作中台账不失分

以样本社区迎检台账为基础，结合各社区实际，对全街道13个社区的迎检台账进行再梳理、再健全、再完善，确保迎检工作中台账不失分。同时，以样本社区为标准，以点带面，进一步加大对各社区创建指标的指导督察力度，及时发现问题，提出整改意见，确保各项任务得到落实。

（三）再培训再提高，完善迎检组织工作的周密度

要围绕随机问卷、入户测评、实地考察等检查内容，组织一次社区创建工作讲评会，召开一次部分社区主任参加的座谈会，分析梳理迎检工作中的得与失，群策群力研究迎检组织工作的周密性、系统性。组织对各社区工作人员、居民骨干户、入户引导员的一次再培训，以熟练掌握测评要求和内容。进一步扩充社区居民骨干户队伍，建立一份居民骨干户档案，扩大社区测评面，引导正确填答问卷，确保问卷调查少失分、得高分。

（四）再整改再督查，不断提高群众的满意度与支持率

进一步加强对社区设施、环境、物业服务等实地考察内容的督察力度，指导各社区对照标准查找薄弱环节，并对检查中需整改落实的情况进行一次全面的"回头看"，对查找发现的难点问题和薄弱环节要进行专题研究和责任督办，确保创建成效。要继续办好"惠

民实事"，从解决群众最迫切需要解决的难事实事入手，全面树立社区在群众中的良好形象，以"进百家门、知百家情、暖百家心、解百家难"为己任，苦干实干，凝聚人心，争取更多的居民群众支持创建工作，确保群众满意率的大提升。

六、确定工作总结的"结束语"

工作总结的结束语，提出街道下一步在创城工作中的工作要求。具体内容如下。

目前，街道创城工作虽已告一段落，也取得了一些实质性的进展和转变，但创城工作是一项长期的工作，难度很大，时间很长，任务很重，我们必须做好长期攻坚准备，不断培养居民好的行为举止，不断提高居民的公共文明程度，以创城工作为契机，以文明城市标准为准绳，持续扎实开展各项工作。

◇ 任务实施

一、撰写标题

可以采用公文式写法，即机关名称+事由+文种，《××街道关于开展创建全国文明城市工作的总结》。

二、撰写正文

工作总结的正文包括前言、主体、结束语3个部分，如图6-7所示。

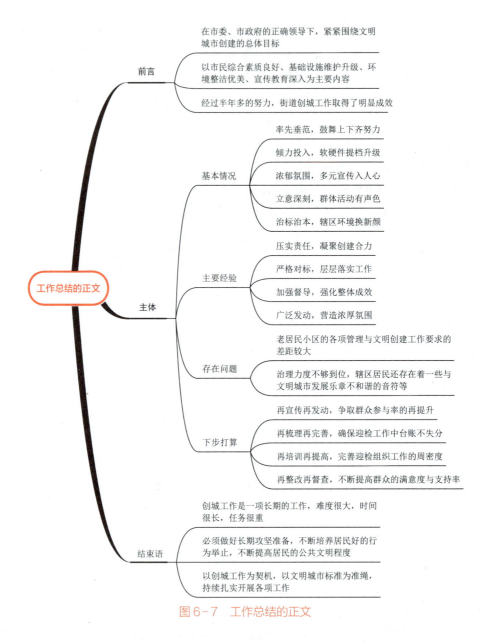

图6-7　工作总结的正文

任务演练

请在下面空白处，填写相关内容。（注：页面不够可加插页）

扫一扫 看一看

标题			
正文	前言		
	主体	基本情况	
		主要经验	
		存在问题	
		下步打算	
	结束语		
落款			

大学生创新创业指导中心 2021 年工作总结

扫一扫 看一看

点评

这是一篇比较常见的年度工作总结。

总结的开头，简要说明了大学生创新创业指导中心 2021 年工作取得可喜成绩，用"现将 2021 年工作总结如下"引出下文。

总结的第一部分是"创新创业工作基本情况"，从 4 个方面介绍 2021 年工作基本情况：全面落实本职工作，建立专业化的服务体系；切实做好组织建设工作，建立精细化的内部管理；充分利用现有宣传阵地，建立全媒体化宣传渠道；加强联系，汇集校内外资源，建立长期化的协同创新机制。

总结的第二部分是"存在的问题"，分别用一句话指出了工作中存在的 4 个方面的问题。

总结的第三部分是"2022 年工作设想"，从 4 个方面对 2022 年的工作做了简要安排：开阔思路，更新理念，做好创新创业学院的管理培训工作；提高认识，加强宣传，营造校园创新创业氛围；制定实施办法，加强实践培训，筑实双创基础工作；加强基地建设，助推双创工作实效。

这篇总结充分展现了工作总结的基本结构和主要内容，撰写工作总结时，可以参考这篇总结的结构和内容。

任务检测

使用微信小程序扫码进入在线测试，可反复多次答题，以巩固学习成果。

扫一扫 看一看

任务评价

任务评价表

小组编号：　　　　　　　　　　　　　　　　姓　名：

任务名称						
评价方面	任务评价内容	分值	自我评价	小组评价	教师评价	得分
理论知识	1.了解总结的定义、类型和结构	10				
	2.了解总结的行文规则	10				
	3.掌握总结的撰写流程	15				
实操技能	1.收集撰写总结的资料	10				
	2.学会撰写总结的前言	10				
	3.学会撰写总结的主体	25				
	4.学会撰写总结的结束语	10				
思政素养	1.要学习理论，了解党和政府制定的政策法规	5				
	2.培养严谨扎实、求真务实的工作作风，克服主观主义	5				
总分						

任务二 撰写述职报告

任务导入

根据××××大学党委组织部下发的《关于开展我校2022年度基层党支部书记"双述双评"的通知》（校组发〔2022〕5号）文件要求，拟于2022年7月开展党支部书记述职评议工作。

一、述职对象

基层党支部书记。

二、述职考核方式

书面述职，线上评议。

三、述职内容

1.贯彻执行党组织决策部署情况。主要包括学习贯彻习近平新时代中国特色社会主义思想、学习贯彻党的十九届六中全会精神情况，开展党史学习教育情况等带领支部党员开展政治理论学习情况；执行上级党组织工作部署情况；落实支委会和支部党员大会讨论决定的事项情况等。

2.加强支部建设情况。主要包括推进"两学一做"学习教育常态化制度化情况；巩固深化"不忘初心、牢记使命"主题教育成果情况；按照党支部标准化规范化建设要求开展支部建设情况；落实"对标争先"建设计划情况；落实"三会一课"、主题党日、组织生活会和民主评议党员等基本组织制度情况；发展党员和党员日常教育管理情况；党费收缴、管理与使用情况。

3.完成党建重点任务情况。主要包括围绕中心服务大局，立足岗位完成党建工作重点任务情况，落实意识形态工作责任情况，以及党支部在学科建设、推进"三全育人"综合改革中的作用发挥情况、党建特色工作情况等。

4.廉洁自律情况。主要包括带头遵守党章党纪党规情况、抓支部班子成员和党员廉洁建设情况。

请以该校××党支部书记的名义，撰写述职报告。

一、述职报告的撰写规范

（一）述职报告的定义

述职报告是任职者**陈述自己任职情况，评议自己任职能力，接受上级领导考核和群众监督**的一种事务性公文。

（二）述职报告的特点

述职报告具有**自述性、自评性、规定性、理论性**4个特点，如图6-8所示。

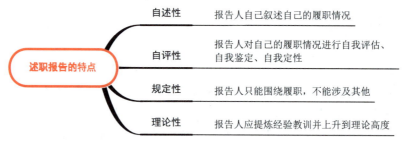

述职报告的特点		
	自述性	报告人自己叙述自己的履职情况
	自评性	报告人对自己的履职情况进行自我评估、自我鉴定、自我定性
	规定性	报告人只能围绕履职，不能涉及其他
	理论性	报告人应提炼经验教训并上升到理论高度

图6-8　述职报告的特点

（三）述职报告的类型

从内容上划分，有综合性述职报告、专题性述职报告、单项工作述职报告。**从时间上划分，**有任期述职报告、年度述职报告、阶段性述职报告。**从表达形式上划分，**有口头述职报告、书面述职报告。如图6-9所示。

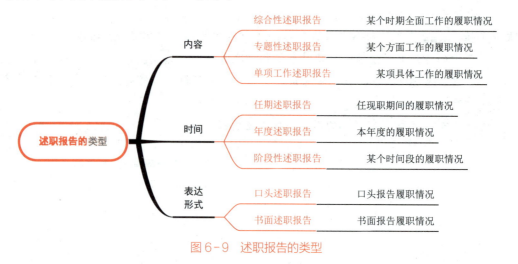

述职报告的类型			
	内容	综合性述职报告	某个时期全面工作的履职情况
		专题性述职报告	某个方面工作的履职情况
		单项工作述职报告	某项具体工作的履职情况
	时间	任期述职报告	任现职期间的履职情况
		年度述职报告	本年度的履职情况
		阶段性述职报告	某个时间段的履职情况
	表达形式	口头述职报告	口头报告履职情况
		书面述职报告	书面报告履职情况

图6-9　述职报告的类型

（四）述职报告的结构与写法

述职报告一般由**标题、署名、称谓、正文**4个部分构成，其中，正文又由前言、主体和结束语组成。如图6-10所示。

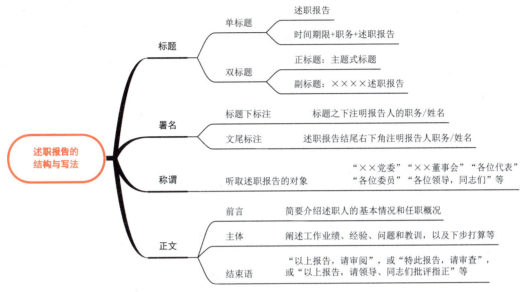

图6-10 述职报告的结构与写法

1.标题的写法

标题的结构形式有以下两种写法。

（1）单标题。"述职报告"或"时间期限+职务+述职报告"。

（2）双标题。由主标题和副标题组成，主标题为主题式标题，副标题为"××××述职报告"。

2.署名的写法

（1）题下标注。在标题之下注明述职报告人的职务/姓名。

（2）文尾标注。在述职报告结尾右下角注明述职报告人的职务/姓名。

3.称谓的写法

称谓就是听取述职报告的对象。称谓要根据述职对象的身份、地位而定，如"××党委""××董事会""各位代表""各位委员""各位领导，同志们"等。

4.正文的写法

正文是述职报告的核心，一般由前言、主体、结尾3个部分组成。

（1）前言。简要介绍述职人的基本情况、任职概况，并对本人的尽职情况做出总体评价，确定好述职范围和基调。

（2）主体。阐述工作业绩、经验、问题和教训，以及下步打算等。重点强调工作中取得的成绩，集中表现自己的敬业精神、业务能力等；同时指出工作中存在的问题，分析问

题产生的原因；在此基础上，提出下一步设想和决心。

（3）**结束语**。一般用"以上报告，请审阅"，或"特此报告，请审查"，或"以上报告，请领导、同志们批评指正"等。

（五）述职报告与总结的区别

述职报告与总结的区别如图6-11所示。

扫一扫 看一看

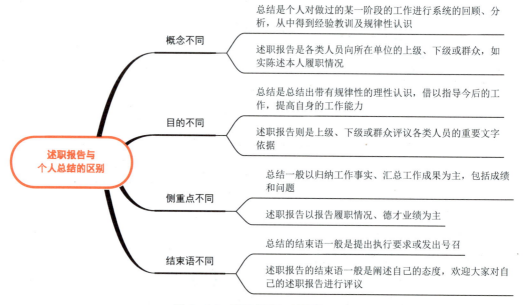

图 6-11　述职报告与总结的区别

（六）述职报告的写作模板

述职报告的写作模板如图6-12所示。

二、收集相关资料

（一）收集基层党组织党建工作的相关文件

如党的十八大以来基层党组织工作常用的文件，主要有党章、条例、准则、规定、办法、意见等。

（二）收集党支部开展党建活动的相关资料

述职报告的正文部分，需要详细阐述述职报告人带领党支部贯彻执行党组织决策部署、加强支部建设、完成党建重点任务、廉洁自律4个方面工作的相关情况。因此，撰写述职报告之前，要全面收集这4个方面的主要做法、经验、取得的成效及存在的问题等。

（三）收集撰写述职报告的相关参考资料

在撰写述职报告之前，还要收集类似的述职报告，作为撰写本述职报告的参考资料。

框图模式	文字模板
标题	×××述职报告
称谓	×××，×××：
前言	在×××的大力支持下，我完成了××××××××××，取得了×××××，现述职如下。（前言：述职人的基本情况、任职概况，并对本人的尽职情况做出总体评价）。
工作业绩	一、××××××××××××××××× （一）完成了××××××××××××。（工作业绩一）××××××××××××××××××××××××××××××××××。 （二）完成了××××××××××。（工作业绩二）××××××××××××××××××××××××××××××××××。 （三）完成了××××××××××。（工作业绩三）××××××××××××××××××××××××××××××××××。
经验体会	二、××××××××××××××××× 1.××××××××××××××××××××××××××××××。（经验体会一） 2.××××××××××××××××××××××××××××××。（经验体会二） 3.××××××××××××××××××××××××××××××。（经验体会三）
存在问题	三、××××××××××××××××× ×××。×××××××××××××（问题一）。×××××。××××××××××××××××××（问题之）。×××××××××××××××××××××××××××××××××（问题三）。
下步打算	四、××××××××××××××××× 1.×××。×××××××××××××××××××（打算之一）。 2.×××。×××××××××××××××××××（打算之二）。 3.×××。×××××××××××××××××××（打算之三）。
结束语	"以上报告，请审阅"，或"特此报告，请审查"，或"以上报告，请领导、同志们批评指正"。
落款	××××××× 20××年××月××日

图6-12 述职报告的写作模板

✐ 任务筹划

一、确定述职报告的"前言"

结合"任务导入"的描述，确定述职报告的前言，具体内容如下。

当选支部书记以来，我始终严格要求自己，切实履行党建工作"第一责任人"职责，以学习贯彻习近平总书记系列重要讲话和党的十九大精神为统揽，以开展"两学一做"学习教育常态化制度化为契机，紧紧围绕党的领导和党的建设，扎实推进全面从严治党主体责任落实和党风廉政建设任务落实。

二、确定述职报告的"完成的主要工作"

结合"任务导入"的描述，确定述职报告的"完成的主要工作"，包括工作基本情况、工作业绩等。具体内容如下。

1.贯彻执行党组织决策部署情况。主要包括学习贯彻习近平新时代中国特色社会主义思想、学习贯彻党的十九届六中全会和省第十二次党代会精神情况，开展党史学习教育情况等带领支部党员开展政治理论学习情况；执行上级党组织工作部署情况；落实支委会和支部党员大会讨论决定的事项情况等。

2.加强支部建设情况。主要包括推进"两学一做"学习教育常态化制度化情况；巩固深化"不忘初心、牢记使命"主题教育成果情况；按照党支部标准化规范化建设要求开展支部建设情况；落实"对标争先"建设计划情况；落实"三会一课"、主题党日、组织生活会和民主评议党员等基本组织制度情况；发展党员和党员日常教育管理情况；党费收缴、管理与使用情况。

3.完成党建重点任务情况。主要包括围绕中心服务大局，立足岗位完成党建工作重点任务情况，落实意识形态工作责任情况，以及党支部在学科建设、推进"三全育人"综合改革中的作用发挥情况，党建特色工作情况等。

4.廉洁自律情况。主要包括带头遵守党章党纪党规情况、抓支部班子成员和党员廉洁建设情况。

三、确定述职报告的"工作中存在的不足"

根据上述完成的主要工作，确定"工作中存在的不足"，具体内容如下。

(一)支部党建工作与业务工作如何做到相互促进还有待进一步深入探索。一是党建统领一切的局面还没有真正形成，还没有做好党建和业务的有机融合；二是在某些工作环节还没有把党建意识很好地融入进去；三是还没有时刻绷紧党建这根弦，时松时紧的现象还存在。

(二)我在行政业务工作方面投入的精力多，在党建工作方面投入的精力少，同时也存在党务工作经验不足，党建业务能力薄弱的问题。一是学习不足，在学习时间的分配上不均衡；二是学习力不强，对理论知识理解不够、不透，敏锐性还不高，分析力度还不到位；三是理论指导实践力度不够。

（三）支部党建工作的方式方法还不够创新，党建创优水平还需要提高。一是支部的很多活动依赖于机关党委的统一部署，自我安排自我组织的活动不丰富；二是活动内容方式单一，形式不够灵活，支部组织活动吸引力不强；三是学先进当先进的力度不够。

四、确定述职报告的"下步工作打算"

同样，根据上述完成的主要工作，确定"下步工作打算"，具体内容如下。

（一）不断完善自己，提升个人的政治站位和政治觉悟，坚定理想信念宗旨，牢固树立"四个意识"，坚定"四个自信"，永葆共产党人政治本色。

（二）增强责任意识，强化党建工作机制，抓好队伍建设。

（三）加强党风党纪教育，加强廉政文化建设，提升党员骨干素质。

（四）加强协调领导，强化"两手抓，两手硬"的合力。

（五）落实责任，构建机制，把握好党建工作的关键点。

上述 5 个方面的具体内容，进一步详细展开。

五、确定述职报告的"结束语"

根据述职报告的一般写法，确定"结束语"，具体内容如下。

"全面从严治党永远在路上"。我要深刻认识全面从严治党的艰巨性和长期性，以锲而不舍的决心和毅力，推进全面从严治党常态化、长效化，全力营造政治上的绿水青山。

以上述职，不当之处，敬请批评指正。

◎ 任务实施

一、撰写标题

本述职报告的标题：2022 年党支部书记述职报告。

二、撰写正文

本述职报告的正文包括前言、主体、结束语 3 个部分，如图 6-13 所示。

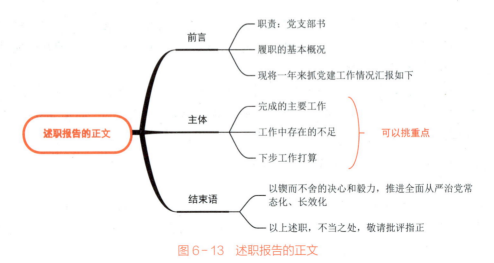

图 6-13　述职报告的正文

🔹 任务演练

请在下面空白处，填写相关内容。（注：页面不够可加插页）

扫一扫 看一看

标题	
称谓	
正文	前言	
	完成的主要工作	
	工作中存在的不足	
	下步打算	
	结束语	
落款（也可以在标题下）	

述职述廉报告

扫一扫 看一看

点评

这是一份典型的专题性述职报告，是对某一方面的工作的专题反映。这篇述职报告思路清晰，成效突出，层次分明。

前言部分用概括性的语言总结了一年以来基层党建的工作成效，主要表现在党员干部的精神面貌进一步改观、党建和组织制度体系进一步完善、引领发展的思路进一步开阔、服务方式进一步改进，并且分别从实际表现出发，展示了这4个方面具体改观的表现，既直观又非常吸引眼球。

主体分为两部分，客观地阐述自己的履职情况：一是主要做法，二是存在问题及努力方向。遵循了实事求是的写作要求，既讲优点，又讲不足，并且能清晰地认识不足，提出解决办法。整体布局条理清晰，简明扼要，让人一目了然。

总之，本篇述职报告具有非常高的示范和参考价值，值得推广。

✎ 任务检测

使用微信小程序扫码进入在线测试，可反复多次答题，以巩固学习成果。

扫一扫 看一看

✓ 任务评价

任务评价表

小组编号：　　　　　　　　　　　　　姓　名：

任务名称	

续表

评价方面	任务评价内容	分值	自我评价	小组评价	教师评价	得分
理论知识	1.了解述职报告的定义、类型和特点	10				
	2.了解述职报告的内容结构和写法	15				
	3.了解述职报告与总结的区别	10				
实操技能	1.收集撰写述职报告的资料	10				
	2.学会撰写述职报告的前言	10				
	3.学会撰写述职报告的主体	25				
	4.发掘述职报告的问题并找出解决办法	10				
思政素养	1.具有实事求是的职业品质	5				
	2.严格执行党的决策部署	5				
总分						

项目综合实训

一、实训任务

××××大学 2022 年大学生暑期社会实践活动圆满结束，该校团委要求参加社会实践活动的大学生踊跃提交《大学生暑期社会实践活动总结》，作为评选"大学生暑期社会实践先进个人"的重要依据。撰写暑期社会实践活动总结的要求包括以下 4 个方面。

（1）总结必须有情况的概述和叙述，有的比较简单，有的比较详细。这部分内容主要是对工作的主客观条件、有利和不利条件，以及工作的环境和基础等进行分析。

（2）成绩和缺点。这是总结的中心。总结的目的就是要肯定成绩，找出缺点。成绩有哪些、有多大、表现在哪些方面、是怎样取得的；缺点有多少，表现在哪些方面，是什么性质的，怎样产生的，都应讲清楚。

（3）经验和教训。做过一件事，总会有经验和教训。为便于今后的工作，须对以往工作的经验和教训进行分析、研究、概括、集中，并上升到理论的高度来认识。

（4）今后的打算。根据今后的工作任务和要求，吸取前一时期工作的经验和教训，明确努力方向，提出改进措施等。

请根据上述材料，以该校学生的名义撰写一篇 5 000 字左右的暑期社会实践活动总结。

二、实训指南

（一）任务准备

（1）查阅该校关于学生社会实践活动的相关文件规定。

（2）了解本次社会实践活动的相关具体内容。

（3）重温总结的撰写规范。

（二）任务筹划

（1）确定总结的标题。

（2）确定总结的正文结构，包括前言、主体、结束语3个部分。

（3）确定总结的规律性认识，以指导今后的学习工作和生活。

（三）任务实施

（1）撰写标题。

（2）撰写正文（包括前言、主体、结束语）。

（3）撰写署名和成文日期。

（四）任务成果

由团队汇报展示撰写的总结。

（五）任务评价

对各团队撰写的总结进行评比打分，记入实训成绩记录表。

📝 项目总结

使用微信小程序扫码查看项目总结思维导图，巩固本项目的知识点和工作总结、述职报告写作实操要点。

扫一扫 看一看

项目七

撰写信息类公文

项目 导 读

　　信息类公文是指党政机关、企事业单位、社会团体反映情况和问题，交流经验、联系上下、沟通左右、推动工作的一种事务性公文，主要包括会议纪要、简报、简讯、快报、动态、情况反映等。本项目通过行动导向"六步法"操作流程，重点掌握会议纪要和简报的相关知识，掌握会议纪要和简报的写作方法，具备撰写会议纪要和简报的基本技能。

学习目标

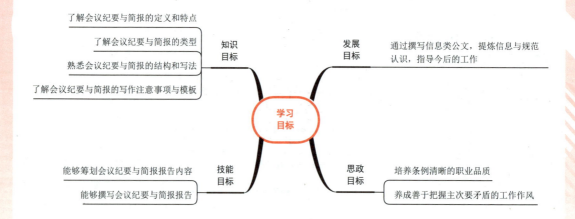

任务一 撰写会议纪要

任务导入

2021年7月13日，××县县委副书记、县长×××主持召开县人民政府2021年第6次常务会议，会议研究决定了以下事项：

一、关于全县债务化解有关事宜

会议听取了县财政局副局长×××关于全县债务化解有关情况的汇报。会议上各位领导提出，各部门、各乡镇要进一步提高政治站位，积极协调、配合、服从全县债务化解工作。要结合工作实际，坚持以人民为中心的发展思想，统筹调度好资金，坚决做好保运转、保基本民生、保农民工工资等工作，强化责任担当，全力推动各项化债措施落实、落细、落到位。县财政部门要继续深化平台公司转型，积极筹措资金，盘活存量、激活增量，进一步加快债务化解进度，确保全县债务化解任务按期圆满完成。

二、关于老旧供热管网及附属设施提升改造有关事宜

会议听取了县供热公司经理×××关于老旧供热管网及附属设施提升改造有关情况的汇报。相关领导指出，供热老旧管网改造项目属于重大民生工程，对改善群众居住环境、提升群众幸福感和获得感具有重大意义。部分供热管网使用年限在10年以上，冬季渗漏跑冒现象严重，维修风险较大，亟需开展老旧供热管网、阀门及换热站提升改造工程。大家同意实施老旧供热管网及附属设施改造工程，并对县园林、住建部门，以及供热主管部门和财政部门提出了相关要求。

三、关于乡镇卫生院建设项目配套资金有关事宜

会议听取了县卫健委副主任×××关于乡镇卫生院建设项目配套资金有关情况的汇报。大家认为，上级下达我县乡镇卫生院建设任务7所，规划建设规模9855平米，计划总投资2160万元，工程从2015年建设开工以来，截止到今年已全部建设完工，实际完成建筑面积8110平米以及附属工程，总造价为2418万元，超出预算258万元，目前资金缺口较大。大家同意利用卫健系统历年专项经费结余用于拨付乡镇卫生院建设项目配套资金缺口。

四、关于国家统计督察反馈意见整改有关事宜

会议听取了县统计局局长×××关于国家统计督察反馈意见整改有关情况的汇报。大家认为，××县共涉及统计督查反馈意见整改问题36个，已完成35项，还有1项未完成。全县各相关部门要切实提高政治站位，强化责任担当，把统计督察反馈意见整改作为一项重要政治任务抓紧抓实抓好，以督察整改为契机，推动形成切实有效的统计督察整改成果。

五、关于建设×××生活垃圾处理场有关事宜

会议听取了县委常委、政府常务副县长×××关于建设×××生活垃圾处理场有关情况的汇报。大家认为，有必要在×××镇建设生活垃圾处理场。要全力推进项目建设，县城管、住建、自然资源、生态环境等部门密切配合办理相关手续，积极有序推进，确保×××生活垃圾处理场早日投产达效；县财政局要积极争取资金，统筹安排，加强监管。

六、关于×××工业固废储存场二期建设项目有关事宜

会议听取了×××工业区管委会主任×××关于×××工业固废储存场二期建设项目有关情况的汇报。大家认为，随着×××发电项目逐步建设投产，×××工业区内处置固体废物的场所难以满足项目需求，亟需在工业园区内启动建设工业固废储存场二期项目，确保固体废物安全处置。会议决定由政府副县长×××牵头负责，全力推进×××工业固废储存场二期项目建设，协调相关部门开展选址、立项、建设等事宜，同时要积极协助企业办理×××工业固废储存场二期项目相关手续；县自然资源部门要妥善合理解决×××工业固废储存场二期项目用地问题，避免产生其他遗留问题。

结合上述材料，以××县人民政府的名义，撰写一份会议纪要。

📖 任务准备

一、会议纪要的撰写规范

（一）会议纪要的定义

会议纪要是**记载和传达会议情况和议定事项**时使用的具有特定效力和规范体式的公文。会议纪要是在会议记录的基础上经过加工、整理出来的一种记叙性和介绍性的文件，包括会议的**基本情况、主要精神及中心内容**等。

（二）会议纪要的特点

会议纪要具有**内容的纪实性、表达的要点性、主体的特殊性、结构的条理性和作用的指导性** 5 个特点，具体内容如图 7-1 所示。

图 7-1　会议纪要的特点

会议纪要是在会议记录的基础上整理撰写的，必须体现会议和会议记录的"原汁原味"，同时要善于对会议记录材料进行概括提炼，得出关键性的、具有规律性的理论要点，作为今后工作的指导借鉴。

（三）会议纪要的类型

按照不同的标准，会议纪要可划分为多种类型，如图 7-2 所示。

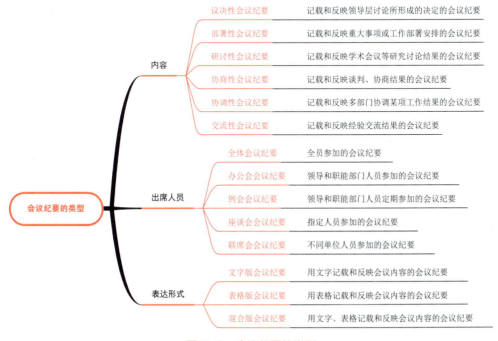

图 7-2　会议纪要的类型

（四）会议纪要的结构与写法

会议纪要的结构一般包括**版头、标题、正文和版记**4个部分。具体结构与写法如图7-3所示。

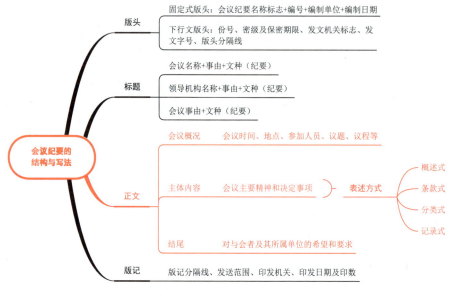

图7-3　会议纪要的结构与写法

（五）会议纪要的写作注意事项

会议纪要的写作注意事项如图7-4所示。

扫一扫 看一看

图7-4　会议纪要的写作注意事项

（六）会议纪要的写作模板

会议纪要的写作模板如图7-5所示。

框图模式	文字模板
版头	**××公司×××会议纪要**
标题	<div style="text-align:center">××××**印发**　　　　　　　　**20××年××月××日**</div><div style="text-align:center">**××公司×××会议纪要**</div>
会议概况	**1.格式一（条款式）** 　　20××年××月××日，本集团公司在×××召开了××××会议。参加会议的有××××部门的负责人。会议由××总裁主持。会议讨论了××××问题。现纪要如下：
主体内容	一、×××××××××××（决定事项一） 　　会议讨论了××××××××××××××××××。会议同意××××××××××××。 　　二、×××××××××××（决定事项二） 　　会议指出，××××××××××××××××××。会议决定××××××××××××。 　　三、×××××××××××（决定事项三） 　　会议听取了××××××××××××××××××。会议决定××××××××。
结尾	会议要求××××××××××××××××××。会议号召××××××××××××。
版记	××××　　　　××××年×月××日印发　（共印××份）
会议概况	**2.格式二（概述式）** 会议时间：×××××××××××××××× 会议地点：×××××××××××××××× 参会人员： ×××××××××××××××××××× 会议议题：1.××××××××××××××× 　　　　　2.××××××××××××××× 　　　　　3.××××××××××××××× 主持人： 记录人：
主体内容	现将会议主要情况和议定事项纪要如下。 　会议指出，××××××××××××××。会议同意×××××××××××××××××××××。 　会议认为，××××××××××××××。会议决定××××××××××××××××××××××。
结尾	会议要求，×××。

图7-5　会议纪要的写作模板

二、收集相关资料

在撰写会议纪要之前，需要收集以下 3 个方面的资料。

（一）××县人民政府常务会议涉及的各事项的背景资料

根据"任务导入"，××县人民政府常务会议决定了 6 个事项，这 6 个事项均属于县人民政府 2021 年的重点工作，牵涉面广，任务复杂。因此，撰写会议纪要之前，要收集这 6 个事项有关的背景资料，作为撰写会议纪要的参考依据。

政府部门议决的重大事项一般属于系统性工程，因此，在撰写会议纪要之前，必须全面掌握相关事项的背景资料，了解相关事项的来龙去脉，这样才能在撰写会议纪要过程中准确把握重点内容，抓住会议精神和决定事项的关键点。

（二）××县人民政府常务会议记录

会议纪要是在会议记录的基础上整理撰写的，因此，在撰写会议纪要之前，还要收集并认真领会××县人民政府常务会议记录的相关内容、主要精神和关键内容，作为撰写会议纪要的内容依据。

（三）撰写会议纪要的相关参考资料

撰写本会议纪要，还要通过多种途径收集类似的会议纪要，作为撰写本会议纪要的参考资料。

✎ 任务筹划

一、确定会议纪要的前言（会议概况）

根据"任务导入"，确定会议纪要的前言，具体内容如下。

2021 年 7 月 13 日，县委副书记、县长×××主持召开县人民政府 2021 年第 6 次常务会议，现将会议主要精神纪要如下。

二、确定会议纪要的主体内容

根据"任务导入"的描述，确定会议纪要中的六个重点事项的主体内容，具体内容如下。

一、关于全县债务化解有关事宜

会议听取了县财政局副局长×××关于全县债务化解有关情况的汇报。会议提出，各部门、各乡镇要进一步提高政治站位，积极协调、配合、服从全县债务化解工作。会议强调，要结合工作实际，坚持以人民为中心的发展思想，统筹调度好资金，坚决做好保运转、保基本民生、保农民工工资等工作，强化责任担当，全力推动各项化债措施落实、落细、落到位。会议要求，县财政部门要继续深化平台公司转型，积极筹措资金，盘活存量、激活增量，进一步加快债务化解进度，确保全县债务化解任务按期圆满完成。

二、关于老旧供热管网及附属设施提升改造有关事宜

会议听取了县供热公司经理×××关于老旧供热管网及附属设施提升改造有关情况的汇报。会议指出，供热老旧管网改造项目属于重大民生工程，对改善群众居住环境、提升群众幸福感和获得感具有重大意义。会议认为，部分供热管网使用年限在10年以上，冬季渗漏跑冒现象严重，维修风险较大，亟需开展老旧供热管网、阀门及换热站提升改造工程。会议同意实施老旧供热管网及附属设施改造工程，并对县园林、住建部门，以及供热主管部门和财政部门提出了相关要求。

三、关于乡镇卫生院建设项目配套资金有关事宜

会议听取了县卫健委副主任×××关于乡镇卫生院建设项目配套资金有关情况的汇报。会议认为，上级下达我县乡镇卫生院建设任务7所，规划建设规模9855平米，计划总投资2160万元，工程从2015年建设开工以来，截止到今年已全部建设完工，实际完成建筑面积8110平米以及附属工程，总造价为2418万元，超出预算258万元，目前资金缺口较大。会议同意利用卫健系统历年专项经费结余用于拨付乡镇卫生院建设项目配套资金缺口。

四、关于国家统计督察反馈意见整改有关事宜

会议听取了县统计局局长×××关于国家统计督察反馈意见整改有关情况的汇报。会议认为，××县共涉及统计督查反馈意见整改问题36个，已完成35项，还有1项未完成。会议要求，全县各相关部门要切实提高政治站位，强化责任担当，把统计督察反馈意见整改作为一项重要政治任务抓紧抓实抓好，以督察整改为契机，推动形成切实有效的统计督察整改成果。

五、关于建设×××生活垃圾处理场有关事宜

会议听取了县委常委、政府常务副县长×××关于建设×××生活垃圾处理场有关情况的汇报。会议认为，有必要在×××镇建设生活垃圾处理场。会议要求，要全力推进项目建设，县城管、住建、自然资源、生态环境等部门密切配合办理相关手续，积极有序推进，确保×××生活垃圾处理场早日投产达效；县财政局要积极争取资金，统筹安排，加强监管。

六、关于×××工业固废储存场二期建设项目有关事宜

会议听取了×××工业区管委会主任×××关于×××工业固废储存场二期建设项目有关情况的汇报。会议认为，随着×××发电项目逐步建设投产，×××工业区内处置固体废物的场所难以满足项目需求，亟需在工业园区内启动建设工业固废储存场二期项目，确保固体废物安全处置。会议决定，由政府副县长×××牵头负责，全力推进×××工业固废储存场二期项目建设，协调相关部门开展选址、立项、建设等事宜，同时要积极协助企业办理×××工业固废储存场二期项目相关手续；县自然资源部门要妥善合理解决×××工业固废储存场二期项目用地问题，避免产生其他遗留问题。

一、撰写会议纪要的版头

本会议纪要的版头如图 7-6 所示。

×× 公司 ××× 会议纪要
×××× 印发　　　　　　20××年××月××日

图 7-6　会议纪要的版头

二、撰写会议纪要的正文

本会议纪要的正文如图 7-7 所示。

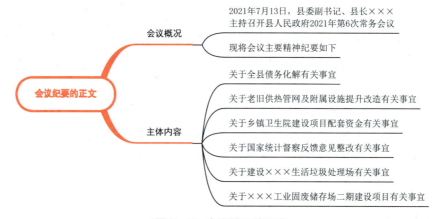

图 7-7　会议纪要的正文

请在下面空白处，填写相关内容。（注：页面不够可加插页）

扫一扫 看一看

版头	
标题	

正文	会议概况	
	决定事项一	
	决定事项二	
	决定事项三	
	决定事项四	
	决定事项五	
	决定事项六	
版记		

全国高校技术创新大会纪要

扫一扫 看一看

点评

这是一篇经典的概述式会议纪要。

会议纪要的开头，用两个自然段简要介绍了本次大会的基本情况，包括会议时间、地点、参加会议的领导以及与会人员。同时，简明扼要地说明了本次大会的主要任务和目标。

随后，会议纪要采用概述式的表述方式，分别介绍了李岚清副总理、陈至立部长、韦钰副部长在本次大会上的讲话精神。

然后，介绍韦钰副部长对本次大会的总结讲话精神，对本次大会取得的成果进行回顾总结。

最后，简要介绍了参会代表的共识以及大会印发的《教育部关于贯彻落实〈中共中央、国务院关于加强技术创新，发展高科技，实现产业化的决定〉的若干意见》的主要内容，并提出了相关的落实要求。

整个会议纪要条理清晰，层次分明，内容简洁，是会议纪要的代表作，值得参考借鉴。

任务检测

使用微信小程序扫码进入在线测试，可反复多次答题，以巩固学习成果。

扫一扫 看一看

任务评价

任务评价表

小组编号：　　　　　　　　　　　　　　　　　姓　名：

任务名称						
评价方面	任务评价内容	分值	自我评价	小组评价	教师评价	得分
理论知识	1.了解会议纪要的定义、特点和类型	10				
	2.掌握会议纪要的写作规范	10				
	3.了解会议纪要的写作注意事项	15				
实操技能	1.收集撰写会议纪要的资料	10				
	2.确定会议纪要的版头	5				
	3.学会撰写会议纪要的正文	35				
	4.确定会议纪要的版记	5				
思政素养	1.具有较强的概括提炼能力	5				
	2.养成实事求是的工作作风	5				
总分						

任务二 撰写简报

任务导入

材料一：

2022年9月20日，××大学教育学院在学术报告厅主办"数字化教学转型研讨会"。

出席人员：王××教授（教育学院，信息化教学著名学者）；左××华教授（教育学院院长）；××××（美国佐治亚西南州立大学信息化教学研究中心主任、教授）；××××（英国教育学家）；××大学相关院（部）的部分教师及教育学院的研究生。

左××院长主持研讨会。

发言：王××教授回顾后现代教育理论的发展历程，介绍当前理论前沿问题；各位专家就后现代教育理论发表自己的看法。

材料二：

2022年9月9日，××大学劳动关系学院在沙河校区报告厅举行2020级新生见面会。

出席人员：邓××（学院院长），杨××（校学生处处长），王×、刘×、东××、曹××（学院副院长），凌××（党支部书记）。参加会议的还有：全体新生及辅导员。

出席校友：幸福大觉超市有限公司董事长张××、大地出版社发行部主任白××。

邓××发言要点：欢迎2020级新生；介绍学院的基本情况，专业基本理论学习，专业技能；鼓励学生利用学校的学习资源与平台，挑战自己，挖掘潜力，发展自己；"知、学、用"相结合。

杨××发言要点：介绍劳动关系学院的特色、劳动关系学院风采，鼓励学生锐意进取、奋勇拼搏，在劳动关系学院、在××大学奋发有为、成长成才。

学院校友发言要点：结合自身大学学习经历和创业发展心路历程，与新生们进行交流互动。希望新生们珍惜宝贵的大学时光，度过富有意义的大学生活。

材料三：

××大学的主管单位：××市教委高教处。

简报读者：××市教委高教处、各学院、校直属机关。

简报编辑周期：每月。

编辑：张××；审核：斯××；签发：贝××。

一、简报的撰写规范

（一）简报的定义

简报是各级机关、企事业单位、社会团体编发的**汇报工作、反映情况、交流经验、沟通信息**的一种简短的、摘要性的事务性公文。

简报又称"动态""简讯""工作通讯""情况通报""内部参考"等。可以说，简报是简要的调查报告、简要的情况报告、简要的工作报告、简要的消息报道等。

（二）简报的特点

简报具有**专、短、新、快、实**5个特点，如图7-8所示。其中，专是指简报的内容具有较强的专业性；短是指简报的篇幅短小；新是指简报的内容要有新意；快是指简报要做到快速反应；实是指简报反映的情况和问题要真实准确。

扫一扫 看一看

专	简报的内容涉及专门的主题和内容，专业性强
短	简报是对相关事件或活动情况的高度概括，篇幅很短
新	简报是对最新情况、最新动态的介绍，内容有新意
快	简报必须对事件或活动情况进行及时发布、快速反应
实	简报反映的情况和问题真实准确

图7-8　简报的特点

（三）简报的类型

按照不同的划分标准，简报可以分为多种类型。**按内容划分，**简报可以分为工作简报、会议简报和动态简报。**按发送对象划分，**可以分为上行简报、下行简报和平行简报。**按性质划分，**可以分为专题简报和综合简报。简报的类型如图7-9所示。

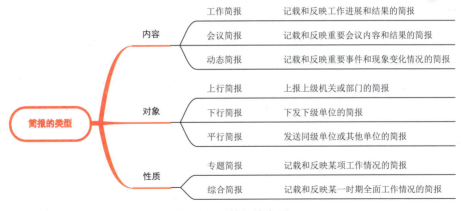

图 7-9 简报的类型

（四）简报的结构与写法

简报一般由报头、主体和报尾 3 个部分组成，如图 7-10 所示。其中，**报头一般包括密级、编号、简报名称、期数、编印单位、印发日期；主体包括编者按、目录、标题、正文，正文又包括开头、简报事项、结尾、撰稿人；报尾包括主题词、报送单位、编审签发与印数。**

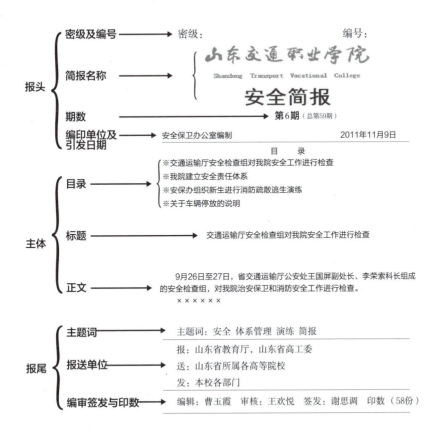

图 7-10 简报的结构与写法

（五）简报的写作模板

简报的写作模板如图 7–11 所示。

框图模式	文字模板
报头	密级：　　　　　　　　　　　　　　　　　　编号： **××简报** 第 × 期（总第 ×× 期） ×××××　　　　　　　20××年××月××日
编者按	【编者按】××。
目录	目　录 ××××××××××××××××× ×××××××××××××××××
标题	×××××××××××
开头	×××××××××××××××××××××××××××××××（开头）。
简报事项	×××（简报事项）。
结尾	××××××××××××××××××××××××××××××××××××（结尾）。
撰稿人	×××
报尾	报：××××××× 送：××××××× 发：××××××× 编辑：×××　　审核：××　　签发：×××　　　印数（58 份）

图 7–11　简报的写作模板

二、收集相关资料

（一）收集两次会议的相关资料

会议简报是对会议情况和结果的高度概括和浓缩，必须真实准确地反映会议相关信息。因此，在撰写会议简报之前，必须收集两次会议的会议记录等相关资料，作为撰写会议简报的素材和依据。

（二）收集简报撰写的参考资料

从网上查找类似的会议简报，作为撰写会议简报的参考资料。

✏ 任务筹划

一、确定会议简报的报头

结合"任务导入"的描述，确定会议简报的报头，具体内容如图 7-12 所示。

密级：　　　　　　　　　　　　　　　　　　　　　　编号：

××大学会议简报
第×期（总第××期）
×××办公室编印　　　　　　20××年××月××日

图 7-12　会议简报的报头

二、确定会议简报的主体

根据"任务导入"的描述，经查找相关资料，确定××大学会议简报的主体，具体内容如下。

【编者按】数字化教学转型正在我校如火如荼地开展。教育学院举办了"数字化教学转型研讨会"，取得了丰硕成果，为学校的数字化教学转型工作提供了重要的参考借鉴。如何让新生尽快进入角色，尽快聚焦专业学习，是大学生思想政治工作的重要一环。劳动关系学院举行了2022年新生见面会，取得了很好的效果，值得推广。

目　录
教育学院举办数字化教学转型研讨会
劳动关系学院举行2022年新生见面会

教育学院举办数字化教学转型研讨会

2022年9月20日，××大学教育学院在学术报告厅主办"数字化教学转型研讨会"。著名学者、教育学院王××教授，教育学院院长左××华教授，美国佐治亚西南州立大学教授××××，英国教育学家××××及××大学各学院（学部）的部分教师和教育学院研究生参加了本次研讨会。

本次研讨会由左××院长主持。王××教授介绍了我国高校数字化教学转型的现状及相关的理论前沿问题，提出了高校数字化教学转型的路径和方法，指出了数字化教学转型的未来发展趋势；与会的两位外国专家也就数字化教学转型问题发表了自己的看法。

本次研讨会取得了丰硕的成果，为××大学数字化教学转型发展提供了重要的参考借鉴。关于本次研讨会的会议纪要，已印发各单位。希望各单位抢抓机遇，大力推进我校数字化教学转型，进一步提升办学水平和人才培养质量。

劳动关系学院举行 2022 年新生见面会

2022 年 9 月 9 日，××大学劳动关系学院在沙河校区报告厅举行 2020 级新生见面会。学院院长邓××，校学生处处长杨××，学院副院长王×、刘×、东××、曹××，党支部书记凌××等参加了本次见面会。参加会议的还有学院全体新生及辅导员。

参加本次见面会的还有学院的两位校友：幸福大觉超市有限公司董事长张××、大地出版社发行部主任白××。

首先，邓××院长致辞，对 2022 级新生表示热烈欢迎，介绍了学院的基本情况。同时对全体新生提出殷切期望，希望全体新生认真学习专业基本理论学习，不断提升专业技能；利用学校的学习资源与平台，不断挑战自己，挖掘潜力，发展自己。并坚持"知、学、用"相结合，把所学知识技能与实践相结合，为未来发展奠定坚实的基础。

随后，杨××处长在讲话中介绍了劳动关系学院的特色、劳动关系学院风采，并代表学校对全体新生提出了几点要求：锐意进取、奋勇拼搏，让自己每天都是新的；在劳动关系学院、在××大学奋发有为、成长成才。

最后，两位校友结合自身大学学习经历和创业发展心路历程，与新生们进行交流互动。希望新生们珍惜宝贵的大学时光，度过富有意义的大学生活。

三、确定会议简报的报尾

根据"任务导入"的描述，经查找相关资料，确定××大学会议简报的报尾，具体内容如图 7-13 所示。

报：××市教委高教处	
发：××大学各学院（学部），校直属机关	
编辑：张××；审核：斯××；签发：贝××	印数（58 份）

图 7-13　简报的报尾

◆ 任务实施

一、撰写报头

根据"任务筹划"的相关内容，撰写报头。

二、撰写主体

根据"任务筹划"的相关内容，撰写主体。

三、撰写报尾

根据"任务筹划"的相关内容，撰写报尾。

任务演练

请在下面空白处，填写相关内容。（注：页面不够可加插页）

扫一扫 看一看

报头	密级	
	编号	
	简报名称	
	期数	
	编印单位及印发日期	
主体	编者按	
	目录	
	标题 1	
	正文	开头	
		简报事项	
		结尾	
		撰稿人	
		标题 2	
		开头	
		简报事项	
		结尾	
		撰稿人	

续表

报尾	主题词	
	报送单位	
	编审签发及印数	

贯彻落实《国家职业教育改革实施方案》
专题培训班简报

扫一扫 看一看

点评

这是教育部举办培训班的工作简报。从这份简报的正文来看，开头部分简要介绍了举办本次培训班的背景、目的和意义，是典型的简报开头写法。然后，选取三个典型发言和参会人员的共同认识，简要介绍了举办本次培训班的主要成果。每个典型发言简明扼要，抓住了举办本次培训班的核心内容。

任务检测

使用微信小程序扫码进入在线测试，可反复多次答题，以巩固学习成果。

扫一扫 看一看

✔ 任务评价

任务评价表

小组编号：　　　　　　　　　　　　　　　　姓　名：

任务名称						
评价方面	任务评价内容	分值	自我评价	小组评价	教师评价	得分
理论知识	1.了解简报的定义、特点	10				
	2.了解简报的结构和写法	15				
	3.了解简报的写作模板	10				
实操技能	1.起草简报的撰写内容	10				
	2.撰写简报的报头	10				
	3.撰写简报的主体	35				
思政素养	1.具有较强的归纳总结能力	5				
	2.培养实事求是的工作作风	5				
总分						

📚 项目综合实训

一、实训任务

将本项目中的"××县人民政府常务会议纪要"改写为"××县人民政府常务会议简报"。

二、实训指南

（一）任务准备

（1）重温简报写作的相关内容。

（2）按照简报的结构和写法，调整会议纪要的相关内容，转化为简报的内容。

（二）任务筹划

（1）确定简报的报头。

（2）确定简报的主体。

（3）确定简报的报尾。

（三）任务实施

（1）撰写简报的报头。

（2）撰写简报的主体。

（3）撰写简报的报尾。

（四）任务成果

由团队汇报展示撰写的会议简报。

（五）任务评价

对各团队撰写的会议简报进行评比打分，记入实训成绩记录表。

项目总结

使用微信小程序扫码查看项目总结思维导图，巩固本项目的知识点和会议纪要、简报写作实操要点。

扫一扫 看一看

项目八

撰写讲话类公文

项目导读

　　讲话类公文是指人们在各种特定的场合发言时所依据的各类文稿的总称。从广义上说，它不仅包括领导在各种会议和群众集会上发表讲话时的文稿，也包括只代表个人意见的开幕词、闭幕词、答谢词、祝词、贺词等，种类繁多，极具社交性和礼仪性。本项目从撰写讲话稿和演讲稿入手，通过行动导向"六步法"操作流程，**了解讲话类公文的相关知识，熟悉讲话类公文的写作和处理流程，掌握讲话类公文的写作方法、体例要求和注意事项，具备撰写讲话稿和演讲稿的基本技能。**

学习目标

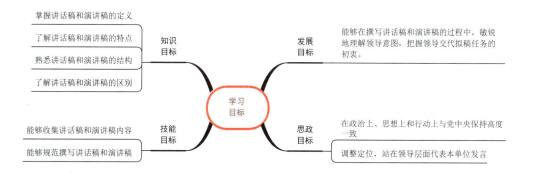

任务一　撰写讲话稿

 **任务导入**

共青团××大学××学院委员会下发一份通知，具体内容如下。

各团支部、青年：

参与网上主题团课、加强政治理论学习是广大团员团干的义务。为进一步贯彻落实团中央关于"青年大学习"的行动号召，提高学院"青年大学习"网上主题团课参与水平，落实《共青团××关于进一步抓好"青年大学习"网上主题团课的工作方案》要求，为进一步推动"青年大学习"取得新成效，××大学××学院团委将开展一次"青年大学习"动员大会，具体工作要求如下。

一、总体要求

"青年大学习"网上主题团课是由共青团中央、中国青年报·中青在线联合制作推出的供广大青年学习先进思想的课程，旨在探索实现对习近平新时代中国特色社会主义思想从"转述"向"转化"的跃升，打通青年理论武装"最后一公里"。各团支部、青年学生要高度重视"青年大学习"相关工作，广泛、持续兴起青年大学习的热潮，实现我院团员青年参与全覆盖。

二、主要安排

1.将"××共青团微信公众号"作为我院团员青年参与"青年大学习"网上主题团课学习活动的统一入口，点击每周一"青年大学习"专题推送，填写基本信息后，进行在线学习。

2."青年大学习"每周一期，各团支部每周四下午开展学习提醒，每周五督促冲刺，确保团员青年参与率达100%。

3.学院团委将针对每月学习情况，于当月最后一周进行完成度公示，根据每期学习占时，完成后纳入研究生成长素质积分，按照0.25小学时/期（次）计算。

4.请各团员青年在规定时间内完成学习。如遇停课、放假等，另行通知。

共青团××大学××学院委员会

2022年3月16日

请以该大学团委的名义撰写一份"青年大学习"动员大会讲话稿。

一、讲话稿的撰写规范

（一）讲话稿的定义

讲话稿有广义和狭义之分。广义的讲话稿是指人们在特定场合发表讲话的文稿；狭义的讲话稿是指一般所说的领导讲话稿，是各级领导在各种会议上发表带有宣传、指示、总结性质的讲话的文稿。讲话稿是公文写作研究的重要文体之一。

（二）讲话稿的特点

讲话稿具有**语言得体性、起草集智性、交流互动性、篇幅规定性、内容针对性**5 个特点，如图 8-1 所示。

扫一扫 看一看

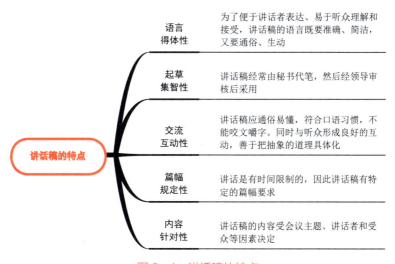

语言得体性	为了便于讲话者表达、易于听众理解和接受，讲话稿的语言既要准确、简洁，又要通俗、生动
起草集智性	讲话稿经常由秘书代笔，然后经领导审核后采用
交流互动性	讲话稿应通俗易懂，符合口语习惯，不能咬文嚼字。同时与听众形成良好的互动，善于把抽象的道理具体化
篇幅规定性	讲话是有时间限制的，因此讲话稿有特定的篇幅要求
内容针对性	讲话稿的内容受会议主题、讲话者和受众等因素决定

图 8-1 讲话稿的特点

思 政 导 学

讲话稿实质上是一种没有列入法定文种范围的特定形式的公文，是机关单位领导人在各类会议上发表讲话的主要依据，是会议精神的主要承载，也是领导人行使领导职权的重要工具。由于党政机关的会议很多，各类会议上都有领导讲话，因此，讲话稿的需求量很大。起草讲话稿是机关干部辅助领导行使职权的经常性工作。其语言风格因人而异，但整体上与一般公文相比，具有明显的差别，主要表现在口语化、感情化、短句多等。

（三）讲话稿的类型

讲话稿主要包括**工作类讲话稿、纪念类讲话稿、表彰类讲话稿**3 种类型，如图 8-2 所示。

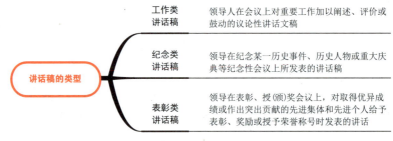

图 8-2　讲话稿的类型

（四）讲话稿的结构与写法

讲话稿不属于法定公文，格式安排不受公文法规制约，而以约定俗成为准则，一般由标题、称谓、正文 3 个部分组成，如图 8-3 所示。

1.标题的写法

标题的结构形式有以下两种写法。

（1）公文式写法：讲话人的姓名+职务+事由+文种，如"××省长在全省教育工作会议上的讲话"。

（2）新闻式写法：主标题+副标题。主标题一般用来概括讲话的主旨或主要内容，副标题则与第一种的构成形式相同，如"进一步学习和发扬鲁迅精神——在鲁迅诞生 110 周年纪念大会上的讲话"。

2.称谓的写法

根据与会人员的情况和会议性质来确定适当的称谓，如"同志们""各位专家学者"等，要求庄重、严肃、得体。

3.正文的写法

正文是讲话稿的核心，包括开头、主体和结尾 3 个部分。

（1）开头：概况要点，交代意图。用极简洁的文字概述要讲的内容，说明讲话的缘由或者所要讲的内容重点；接着转入正文讲话。

（2）主体：概况讲话稿主要内容。根据会议的内容和发表讲话的目的，可以重点阐述如何领会文件、指示、会议精神；可以通过分析形势和明确任务，提出改善工作的意见；可以结合本单位情况，提出贯彻上级指示的意见；可以对前面其他领导人的讲话做补充讲话；也可以围绕会议的中心议题，结合自己分管的工作谈看法等。

（3）结尾：归纳总结、深化主题。结尾用以总结全篇，照应开头，发出号召，或者征询对讲话内容的意见或建议等。

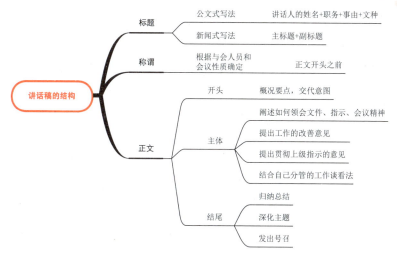

图 8-3　讲话稿的结构

（五）讲话稿的写作要求与技巧

讲话稿的写作要求如图 8-4 所示，讲话稿的写作技巧如图 8-5 所示。

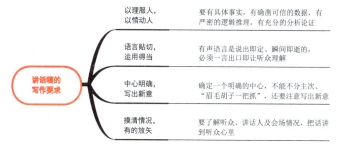

图 8-4　讲话稿的写作要求

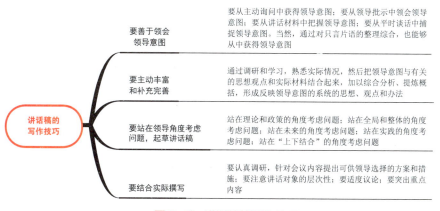

图 8-5　讲话稿的写作技巧

　　撰写讲话稿实质上是代拟行为，是帮助领导谋划工作、表达意图，是小人物说大方之家的话，必须敏锐地理解领导意图，把握领导交代拟稿任务的初衷。撰写讲话稿时，要处理好层次、段落、过渡、照应等细节问题。总的要求是主题突出、观点明确、层次清晰、逻辑严密、思想深刻。此外，还要研究领导的工作风格和讲话风格，写出与领导的思想认识和语言风格高度吻合的讲话稿。

二、收集相关资料

　　在撰写讲话稿之前，必须收集齐全与讲话稿有关的文件资料，主要包括以下 4 个方面。

（一）共青团中央关于青年大学习的政策要求

　　青年大学习是共青团中央为把组织引导广大青年深入学习宣传贯彻习近平新时代中国特色社会主义思想和党的十九大精神持续引向深入组织的青年学习行动，要求领导带头学、指导基层学、培训引导学等。

（二）共青团关于开展"青年大学习"行动的目的

　　共青团中央紧密围绕用习近平新时代中国特色社会主义思想武装全团、教育青年，把深入学习宣传贯彻党的十九大精神作为首要政治任务和核心业务，在全团部署实施"青年大学习"行动，突出理论武装和思想引导，通过构建"导学、讲学、研学、比学、践学、督学"六位一体的学习体系，着力提升学习的制度化和实效性，推动党的创新理论深入人心，引导广大青年"不忘初心、牢记使命"，切实增强"四个意识"、坚定"四个自信"，坚定不移听党话、跟党走。

（三）学校团委关于进一步深化"青年大学习"行动的要求和方案部署

　　按照校团委的具体指导和要求，对照《×××共青团关于进一步深化"青年大学习"行动的方案》，重点阐述青年大学习的必要性和重要性。

（四）撰写讲话稿的相关参考资料

　　查阅学校以前的有关动员大会的讲话稿，作为撰写本讲话稿的参考资料。

✏ 任务筹划

一、确定讲话稿的缘由

　　本讲话稿的缘由主要是学校为进一步贯彻落实团中央关于"青年大学习"的行动号召，

提高学院"青年大学习"网上主题团课参与水平，落实《共青团××关于进一步抓好"青年大学习"网上主题团课的工作方案》要求，进一步推动"青年大学习"取得新成效，开展一次"青年大学习"动员大会，提高同学们参与青年大学习的积极性。

二、确定讲话稿的主要内容

讲话稿的主要内容是号召大学生团员积极参与青年大学习，引导大学生团员以共青团公众号为载体，有针对性地开展学习交流，增强学习的针对性和实效性。同时，以本次动员大会为契机，组织学生在线上线下广泛开展大讨论活动出，通过主题团课和举办交流会、分享会，开展网上话题讨论、自媒体传播、文化产品推广等形式，引导广大青年结合实际和所思所想，明确自己成长奋斗的目标和方向。

◇ 任务实施

一、撰写标题

本讲话稿可以采用公文式写法：讲话人的姓名＋职务＋事由＋文种。如"××校长在全校青年大学习动员大会上的讲话"。

二、撰写正文

讲话稿的正文主要包括开头、主体、结尾。

开头，概述讲话的缘由。如：近年来，学校团委根据团中央的统一部署，出台了《××学校共青团关于进一步深化"青年大学习"行动的方案》，把学校共青团将思想政治引领贯穿共青团工作全过程各领域，探索的有效工作项目和工作路径予以梳理和深化，希望通过全团动手、全线统筹，引领带动学校共青团宣传思想文化工作开创新局面。

主体，阐述青年大学习的重要性和具体方案。这项工作的总体目标是：聚焦为党育人的根本目标，坚持"全团抓思想政治引领"，使学习党的科学理论成为团内组织生活的鲜明主题和基本内容、成为广大青少年的思想自觉和行动自觉。坚持用习近平新时代中国特色社会主义思想构建青少年的强大精神支柱，努力把青少年凝聚到社会主义现代化建设的生动实践中。一是深化导学模式，引领青年高质量学习；二是丰富讲学手段，提升青年宣讲能力；三是完善研学机制，深化青年理论研究成果。

结尾，归纳总结、深化主题。如：同学们，开展"青年大学习"网上主题团课是落实"全团抓思想政治引领"的具体要求，按照"团干带头学、团员必须学、青年鼓励学"的原则，通过全省共青团组织的共同努力，实现思想共振、行动统一、平台共用、产品共创、资源共享，做到参与有动力、过程有趣味、学习有收获、思想受洗礼、信念有增强。

🎯 任务演练

请在下面空白处，填写相关内容。（注：页面不够可加插页）

结构		标题		
		称谓		
	正文	讲话稿的缘由		
		讲话稿的主体	青年大学习的目标	
			深化青年大学习的方案部署	
		结尾		

学校党委书记在党史学习教育动员大会上的讲话

扫一扫 看一看

点评

这是一篇典型的领导讲话稿。

开头简要阐明背景和目的。用"我提三点意见"引出下文。

第一部分阐述深刻认识党史学习教育的重大意义；第二部分阐述准确把握党史学习教育的目标任务；第三部分阐述切实加强党史学习教育的责任落实，结构条理清晰，内容简明扼要，把三点意见讲得非常到位。

最后提出号召和要求，全体师生要坚持以习近平新时代中国特色社会主义思想为指导，坚定理想信念、发扬奋斗精神、立足为民情怀、彰显担当本色，努力推动我校全面建设的新发展，为建党百年献礼！

任务检测

使用微信小程序扫码进入在线测试，可反复多次答题，以巩固学习成果。

扫一扫 看一看

✔ 任务评价

任务评价表

小组编号：   姓　名：

任务名称						
评价方面	任务评价内容	分值	自我评价	小组评价	教师评价	得分
理论知识	1.了解讲话稿的定义、类型和结构	10				
	2.了解讲话稿的撰写规范	10			·	
	3.掌握讲话稿的写作要求和技巧	15				
实操技能	1.收集撰写讲话稿的资料	10				
	2.学会撰写讲话稿的开头	10				
	3.学会撰写讲话稿的主体	25				
	4.学会撰写讲话稿的结尾	10				
思政素养	1.正确领会领导意图，规范撰写讲话稿	5				
	2.研究不同语言风格，与领导的思想认识和语言风格高度吻合	5				
总分						

任务二　撰写演讲稿

任务导入

各院级单位团委：

2022年10月22日，中国共产党第二十次全国代表大会在北京胜利闭幕。从十九大到二十大，是"两个一百年"奋斗目标的历史交汇期。为学习贯彻党的二十大精神，推动校园精神文明建设，培育当代大学生的爱国情怀与责任担当，传承时代优秀精神，凝聚青年奋斗力量，中国图书馆学会阅读推广专业委员会和××省高校团工委决定面向高校大学生开展"青春心向党　献礼二十大"全省大学生主题演讲比赛。为响应此次活动开展，展示青春风采，引导广大青年学子凝心聚力跟党走，建功立业新时代，校团委和图书馆决定面向全校范围开展××师范大学"青春心向党　献礼二十大"主题演讲比赛活动，现将有关事宜通知如下。

一、活动主题

青春心向党　献礼二十大

二、活动对象

××师范大学在校大学生。

三、作品要求

1.立意新颖、主旨鲜明，内容健康向上。围绕主题关键词：青春心向党　献礼二十大

2.演讲稿字数在1 000字左右，演讲时间控制在5分钟以内。

3.文稿内容原创，不得抄袭。

4.语言表达流畅、思路清晰、思想丰富、有内涵。

按照活动要求，请以该校大学生的名义撰写一份演讲稿。

任务准备

一、演讲稿的撰写规范

（一）演讲稿的定义

演讲稿也叫演讲词，它是在较为隆重的仪式上和某些公众场合发表的讲话文稿。演讲

稿是进行演讲的依据，是对演讲内容和形式的规范和提示，体现着演讲的目的和手段。

（二）演讲稿的特点

演讲稿是人们在工作和社会生活中经常使用的一种文体，可以用来交流思想、感情，表达主张、见解，也可以用来介绍自己的学习、工作情况和经验等，可以把演讲者的观点、主张与思想感情传达给听众以及读者，使他们信服并在思想感情上产生共鸣。演讲稿具有**整体性、口语性、临场性、鼓动性、可讲性、针对性** 6 个特点，如图 8-6 所示。

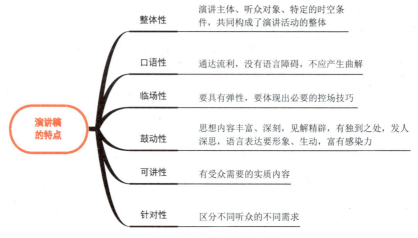

演讲稿的特点

整体性　演讲主体、听众对象、特定的时空条件，共同构成了演讲活动的整体

口语性　通达流利，没有语言障碍，不应产生曲解

临场性　要具有弹性，要体现出必要的控场技巧

鼓动性　思想内容丰富、深刻，见解精辟，有独到之处，发人深思，语言表达要形象、生动，富有感染力

可讲性　有受众需要的实质内容

针对性　区分不同听众的不同需求

图 8-6　演讲稿的特点

（三）演讲稿和讲话稿的区别

演讲稿与讲话稿的区别表现在 4 个方面，分别是应用范围不同、语言风格不同、撰稿人不同、代表意志不同，具体如图 8-7 所示。

扫一扫 看一看

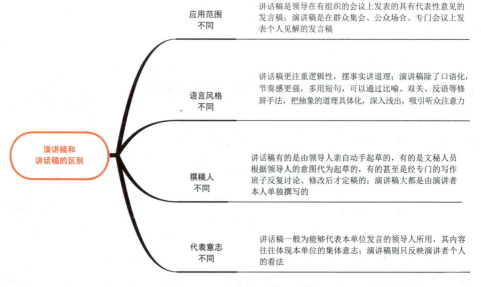

演讲稿和讲话稿的区别

应用范围不同　讲话稿是领导在有组织的会议上发表的具有代表性意见的发言稿；演讲稿是在群众集会、公众场合、专门会议上发表个人见解的发言稿

语言风格不同　讲话稿更注重逻辑性，摆事实讲道理；演讲稿除了口语化，节奏感更强，多用短句，可以通过比喻、双关、反语等修辞手法，把抽象的道理具体化，深入浅出，吸引听众注意力

撰稿人不同　讲话稿有的是由领导人亲自动手起草的，有的是文秘人员根据领导人的意图代为起草的，有的甚至是经专门的写作班子反复讨论、修改后才定稿的；演讲稿大都是由演讲者本人单独撰写的

代表意志不同　讲话稿一般为能够代表本单位发言的领导人所用，其内容往往体现本单位的集体意志；演讲稿则只反映演讲者个人的看法

图 8-7　演讲稿与讲话稿的区别

（四）演讲稿的结构与写法

不同类型、不同内容的演讲稿，其结构方式也各不相同，但基本上都是由开头、主体、结尾 3 个部分构成，如图 8-8 所示。

1.开头

开头要先声夺人，富有吸引力。演讲稿的开头，也叫开场白，它犹如戏剧开头的"镇场"，在全篇中占据重要的地位。开头的方式主要有如下 3 种。

（1）开门见山，亮出主旨。这种开头不绕弯子，直奔主题，开宗明义地提出自己的观点。如毛泽东同志 1957 年 11 月 17 日在莫斯科大学接见中国留苏学生时勉励广大青年："世界是你们的，也是我们的，但归根结底是你们的。你们青年人朝气蓬勃，正在兴旺时期，好像早晨八、九点钟的太阳。希望寄托在你们身上。"

（2）提出问题，发人深思。通过提问，引导听众思考一个问题，创造悬念，引起听众欲知答案的期待。如曲啸的《人生理想追求》就是这样开头的："一个人应该怎样对待自己青春的时光呢？我想在这里同大家谈谈我的情况。"

（3）引用警句，引出下文。引用内涵深刻、发人深省的警句，引出下面的内容来。如一个大学生的演讲稿《我的思考与奋起》，开头就很精彩："一个人如果一辈子都不曾混乱过，那么他从来就没有思考过。"

开头的方法还有一些，不再一一列举。总之，无论采用什么形式的开头，都要做到先声夺人，富有吸引力。

2.主体

主体部分要层层展开，步步推向高潮。主体部分展开的方式有以下 3 种。

（1）并列式。并列式就是围绕演讲稿的中心论点，从不同角度、不同侧面进行表现，其结构形态呈放射状四面展开，宛若车轮之轴与其辐条。而每一侧面都直接面向中心论点，证明中心论点。

（2）递进式，即从表面、浅层入手，采取步步深入、层层推进的方法，最终揭示深刻的主题，犹如层层剥笋。用这种方法来安排演讲稿的结构层次，能使事物得到由表及里的深入阐述和证明。

（3）并列递进结合式。这种结构，或是在并列中包含递进，或是在递进中包含并列。一些纵横捭阖、气势雄伟的演讲稿常采用这种方式。

3.结尾

结尾部分要干脆利落，简洁有力。演讲稿的结尾，是主体内容发展的必然结果。结尾或归纳，或升华，或希望，或号召，方式很多。好的结尾应收拢全篇、卒章显志、干脆利落、简洁有力，切忌画蛇添足，节外生枝。

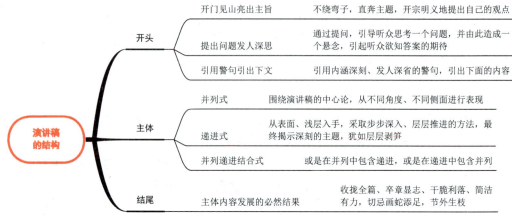

图 8-8　演讲稿的结构

二、收集相关资料

（一）收集中国共产党第二十次全国代表大会、"两个一百年"奋斗目标等相关文件资料

结合"任务导入"，需要收集中国共产党第二十次全国代表大会、"两个一百年"奋斗目标等相关文件资料，为撰写演讲稿奠定坚实的理论基础。

（二）收集××大学开展主题演讲活动的相关资料

本演讲稿的正文部分，需要围绕"青春心向党　献礼二十大"主题展开。因此，撰写演讲稿之前，要收集××大学开展主题演讲活动的相关资料，为撰写演讲稿奠定坚实的实践基础。

（三）收集撰写演讲稿的相关参考资料

在撰写演讲稿之前，还要从本单位有关部门收集类似的演讲稿，作为撰写本演讲稿的参考资料。

✎ 任务筹划

一、确定演讲稿的背景

结合"任务导入"的描述，确定演讲稿背景为如下具体内容。

2022 年是中国共产党第二十次全国代表大会召开之年，从十九大到二十大，是"两个一百年"奋斗目标的历史交汇期。为学习贯彻党的二十大精神，推动校园精神文明建设，培育当代大学生的爱国情怀与责任担当，凝聚青年奋斗力量，中国图书馆学会阅读推广专业委员会和××省高校团工委决定面向高校大学生开展"青春心向党 献礼二十大"全省大学生主题演讲比赛。

二、确定演讲稿的主要内容

根据"任务导入"的描述，确定"青春心向党 献礼二十大"演讲稿的主体内容，具体内容如下。

围绕关键词"青春心向党 献礼二十大"，展示青春风采，凝心聚力跟党走，建功立业新时代，以实际行动和优异成绩献礼二十大。

◆ 任务实施

一、撰写开头

2022年是党的二十大召开之年，是奋力迈向第二个百年目标的关键之年。以更加坚定的理想信仰、更为崇高的使命追求、更具扎实的政治作风，学习贯彻党的二十大精神是每一名大学生的根本要求和重大课题。

二、撰写主体

主体采用并列式，围绕学习贯彻二十大精神的中心论点，从不同角度、不同侧面阐述献礼二十大的具体行动。如：

筑牢红色信仰。从一叶红船到巍巍巨轮，由小到大、由弱变强的历史性巨变，在红色旗帜和红色信仰的指引下，中国共产党领导中国人民、中华民族创造一个又一个奇迹，攻克一个又一个难关。

夯实红色基因。红色基因是共产党人精神谱系的主脉主线，其中，对党绝对忠诚是大学生的政治灵魂和精神支撑。

传承红色精神。国无精神不立，人无精神不行。

保持红色作风。红色作风是共产党人一身正气、一尘不染、一心为公的风骨写照。

三、撰写结尾

本演讲稿的结尾是希望和号召。如：让我们更加紧密地团结在以习近平同志为核心的党中央周围，全面贯彻落实党的二十大精神，在平凡的岗位上做出不凡的业绩，以实际行动献礼二十大！

扫一扫 看一看

任务演练

请在下面空白处，填写相关内容。（注：页面不够可加插页）

结构	开头		
	主体	演讲稿主要内容	筑牢红色信仰	
			夯实红色基因	
			传承红色精神	
			保持红色作风	
	结尾		

 经典示范

大学生"学党史强信念跟党走"演讲稿

扫一扫 看一看

点评

这篇演讲稿的开头，简要介绍了演讲的背景、主题和中心思想。

然后，分3个自然段，用排比句式，分别从3个方面强调了"新时代的今天，大学生党员要有担当有作为""新时代的今天，大学生党员要务实""新时代的今天，大学生党员要有梦想"，表达了学党史、强信念、跟党走的决心。

最后，发出号召，我们意气风发，勇往直前，学党史、强信念、跟党走，"想干事""能干事""干成事""不出事"，为实现中国梦的伟大事业添砖加瓦。

总之，这篇演讲稿具有一定的示范和参考价值，值得推广。

任务检测

使用微信小程序扫码进入在线测试，可反复多次答题，以巩固学习成果。

扫一扫 看一看

任务评价

任务评价表

小组编号：　　　　　　　　　　　　　　　　姓　名：

任务名称						
评价方面	任务评价内容	分值	自我评价	小组评价	教师评价	得分
理论知识	1.了解演讲稿的定义、类型和特点	10				
	2.了解演讲稿的内容结构和写法	15				
	3.了解演讲稿和讲话稿的区别	10				
实操技能	1.收集撰写演讲稿的内容	10				
	2.学会撰写演讲稿的开头	10				
	3.学会撰写演讲稿的主体	25				
	4.学会撰写演讲稿的结尾	10				
思政素养	1.具有实事求是讲真话的职业品质	5				
	2.继承和发扬党的优良传统	5				
总分						

项目综合实训

一、实训任务

为了深入学习宣传贯彻党的二十大精神，深刻领会习近平总书记在庆祝中国共产主义青年团成立100周年大会上的重要讲话精神，聚焦抓好党的事业后继有人的根本大计，在青少年中宣传习近平总书记对青少年的关心关怀，学习党领导中国青年运动的光辉历程，在学思践悟中汲取前进动力。经研究，我校决定开展2022年大学生暑期社会实践及志愿服务活动，现将相关工作通知如下。

一、活动时间

2022年7月—8月

二、活动对象

××学院全体学生

三、自行开展社会实践参考主题

（一）"永远跟党走、奋进新征程"主题实践

以习近平新时代中国特色社会主义思想为指导，开展党史故事宣讲、红色文化资源寻访、历史见证人对话访谈等形式进行党史学习教育微团课、党史题材文艺作品或宣传实物等形式的创作。

（二）"致敬典型模范，讲好中国战'疫'故事"主题实践

聚焦防疫常态化背景下的社会治理、科技创新、复工复产复学和经济发展等方面，宣传好的做法经验和积极成效，强信心、聚民心、暖人心。

（三）"绘就乡村'新画卷'"主题实践

鼓励在乡大学生投身乡村振兴，在教育关爱、医疗卫生、科技支农、文化艺术、爱心医疗、基层社会治理等领域，开展相关社会服务和社会调查。

鼓励同学创新实践方式，可灵活采取线上、线下方式进行。

四、参与志愿服务参考项目

（一）文化宣传类

（二）赛事活动服务类

（三）疫情防控类

（四）环境保护类

（五）针对特定人群提供的志愿服务

（六）其他

五、活动组织方式

学生（团队）自行联系企业、社区、街道等单位完成实践或通过"志愿北京"等平台参与志愿服务活动。如有需要，学院团委将统一为我院学生开具介绍信。

六、鉴定及评优材料准备预通知

自行开展志愿服务的团队（个人），需准备至少5张本人（团队）在工作岗位上的服

务照片、志愿服务演讲稿（择优参加学校志愿者宣讲活动）、志愿服务组织单位盖章的证明材料、在"志愿北京"（或其他正规平台）上参与项目截图。

七、其他

请学生自行联系活动发布方在"志愿北京"等平台上进行报名获得志愿服务时长，所有形式的社会实践、志愿服务均先鉴定，后评优。

请你以该校学生志愿者的身份，撰写一份参与志愿服务的演讲稿。

二、实训指南

（一）任务准备

（1）查阅该学院关于学生社会实践活动的相关文件规定。
（2）了解本次社会实践活动的相关具体内容。
（3）重温演讲稿的撰写规范。

（二）任务筹划

（1）确定演讲稿的开头。
（2）确定演讲稿的主体。
（3）确定演讲稿的结尾。

（三）任务实施

（1）撰写开头。
（2）撰写主体。
（3）撰写结尾。

（四）任务成果

由团队汇报展示撰写的演讲稿。

（五）任务评价

对各团队撰写的演讲稿进行评比打分，记入实训成绩记录表。

📝 项目总结

使用微信小程序扫码查看项目总结思维导图，巩固本项目的知识点和讲话稿、演讲稿写作实操要点。

扫一扫 看一看

参考文献

［1］岳海翔.公文写作指南与范例［M］.北京：中共中央党校出版社，2022.

［2］曾跃林.现代公文写作［M］.重庆：西南师范大学出版社，2013.

［3］李娜，谌鸿燕.公文写作与处理［M］.天津：天津大学出版社，2021.

［4］《党政公文写作格式与范例》编写组.党政公文写作格式与范例：修订本［M］.北京：中共中央党校出版社，2021.

［5］笔杆子训练营.新编公文写作一本通：格式、技巧与范例大全：第2版［M］.北京：人民邮电出版社，2021.

［6］高永贵.公文写作与处理［M］.北京：北京大学出版社，2020.

［7］唐坚.党政机关公文写作［M］.北京：电子工业出版社，2020.

［8］栾照钧.公文写作规范详解全书：上、下册［M］.济南：山东人民出版社，2020.

［9］姬瑞环.公文写作实训教程［M］.北京：对外经济贸易大学出版社，2019.

［10］淳于森泠，冯春，祝伟.公文写作：第3版［M］.北京：北京大学出版社，2020.

［11］王振.公文写作实战秘籍：笔杆子谈写材料［M］.北京：清华大学出版社，2020.

［12］吕发成.公文写作二十讲［M］.北京：研究出版社，2019.

［13］王珂菲，孙雪燕，吕丹.公文写作［M］.长春：吉林大学出版社，2018.

［14］郭志强.公文写作实用全书［M］.北京：电子工业出版社，2018.

［15］张立章.企业公文处理与写作范例大全［M］.北京：清华大学出版社，2018.

［16］汪建昌.公文写作实务实训教程［M］.西安：西安电子科技大学出版社，2017.

［17］桂维民，岳海翔.新编公文写作［M］.西安：陕西人民出版社，2017.

［18］岳海翔.最新公文写作实用大全［M］.北京：中国文史出版社，2017.

［19］谢新茂，邓梦兰.行政公文写作与范例大全［M］.北京：中国言实出版社，2017.

［20］齐绍平，黄春霞.公文写作与范例大全［M］.北京：中国言实出版社，2017.